KB058679

백범의 길

일러두기

- 역사 전문가들이 쓴 이 책의 내용 중에는 백범김구선생기념사업협회의 공식 입장과 다른 것이 있을
  수 있습니다.
- 인명과 지명 등의 외래어는 최대한 외래어표기법에 맞추어 표기했습니다.
- 인용구·인용문의 경우 원문을 살려 실었습니다.
- 단행본, 신문, 잡지는 『 』, 시와 기사, 논문, 그림은 「 」, 단체 이름과 비명은 ' '로 표시했습니다.

백범의 길

임시정부의 중국 노정을 밟다 上

집필 / 김광재 도진순 리종주 윤은자 이혜린

기획 / (사)백범김구선생기념사업협회

arte

그 멀고 험난한 가시밭길을 따라

나라 잃은 백성에게 망명지 중국 땅은 멀고도 험했다. 대한민국임시정부와 백범 김구, 독립운동가, 그 가족들은 27년간 상하이에서 충칭까지 여러 도시를 거치며 5000킬로미터가 넘는 고난과 시련의 길을 이어 갔다. 수많은 목숨과 피와 눈물을 그 길 위에 뿌려야 했다. 초대 의정원장 이동녕, 김구의 어머니, 큰아들도 그 길에서 잃었다. 그러나 단 한 순간도 조국 광복과 독립을 향한 열정이 식은 적은 없었다. 당시 중국정부의 지원과 해내외 동포들의 성금도 한몫을 했다. 갈등과 분열도 있었지만 임시정부는 상존했고 그 구심점은 김구였다.

우리는 그 파란만장의 노정을 밟고 따르기 위해 중국으로 갔다. 표지판도 기념석도 없는 곳이 많았지만 어딘가에 남아 있을 백범과 임시정부 애국지사들의 발길과 흔적을 찾고 더듬었다. 그날의 현장을 직접 답사해 무엇이 어떤 모습으로 남아 있고 변했으며 또 사라졌는지를 확인했다. 『백범일지』를 비롯한 수많은 자료와 회고록을 바탕으로 현장을 비교 조사하고, 여러 전문가·관계자·현지인을 만나 증언을 듣고 인터뷰를 했다. 잘못 알려진 것은 바로잡고, 잘 알려지지 않았거나 묻혔던 것은 들춰내고, 새로운 것은 보탰다. 윤봉길 의거 이후 긴박했던 김구의 상하이 탈출 루트 등 처음 소개하는 장소와 인물 그리고 일화들도 적지 않다. 고난도 퍼즐 게임이라도 하듯 한 조각 한 조각 힘들게 맞춰 나갔지만 아직도 찾지 못하고 풀지 못한 자락들이 많다. 우리가 얼마

나 힘든 시대를 살았는가 하는 반증이기도 하다. 더 망실하기 전에 100년 안팎의 한국사인데 복원을 서둘러야겠다.

백범 김구와 임시정부 독립운동가들은 처음부터 끝까지 혹독한 가시밭길을 걸어갔다. 그러나 최종 목적지만큼은 명확했다. 첫째도 둘째도 셋째도 대한민국의 독립이었다.

거액의 현상금이 붙은 몸으로 임시정부와 동지들의 안전을 살피고, 광복군 창설과 통합 정부를 위해 동분서주했던 김구와 독립을 꿈꾸며 이름 없이 스러져 간 선열들의 행적을 좇았다. 일본군의 공습과 폭격으로 천신만고의 피란길을 헤쳐 나간 임시정부 대가족들의 행로를 찾아내어 그대로 체험코자 했다.

기획에서 출간까지 꼬박 2년이 걸린 이 프로젝트는 한중 합작으로 이루어졌다. 한국과 중국의 학자와 전문가 11명이 권역별로 팀을 꾸려 답사를 하고, 생생한 현장 사진을 찍었다. 결과물을 서로 공유하며 크로스 체크해 정확성과 완성도를 높였지만 완벽하지는 않다. 부족한 부분이 많다. 그러나 3·1운동과 대한민국임시정부 탄생 100주년, 백범 서거 70주기를 맞아 준비된 여러 기획물 중 이만한 저작물이 드물 거라고 자부해 본다.

어려운 가운데 면밀한 현장 취재로 당시 상황을 재현하려 최선의 노력을 쏟은 집필자들, 출판사 편집진과 우리 협회 지원 팀의 수고에 진심으로 감사드린다. 지난해의 국내 편과 이번 중국 편에 이어 이 시리즈의 완결 편인 3탄 북한 답사기를 김구 선생 영전에 바칠 날이 오기를 소망한다.

백범김구선생기념사업협회 회장 김형오

자싱·하이옌·항저우

난징·전장

안둥

베이징

산둥성

시안

산시성

허난성

쓰촨성

후베이성

안후이성

장쑤성

전장

난징

자싱

항저우

상하이

하이옌

충칭

치장

창더

한커우

저장성

쭌이

창사

장시성

후난성

구이양

두산

구이저우성

이산

류저우

푸젠성

스룽

광시 좡족
자치구

구이핑

우저우

싼수이

광저우

광둥성

가오야오

포산

홍콩

타이완성

하이난성

임시정부와 대가족, 김구의 노정

김구의 이동 경로

임시정부와 대가족의 이동 경로

시안 광복군 총사령부 방문 비행 경로

상하이 ⑴

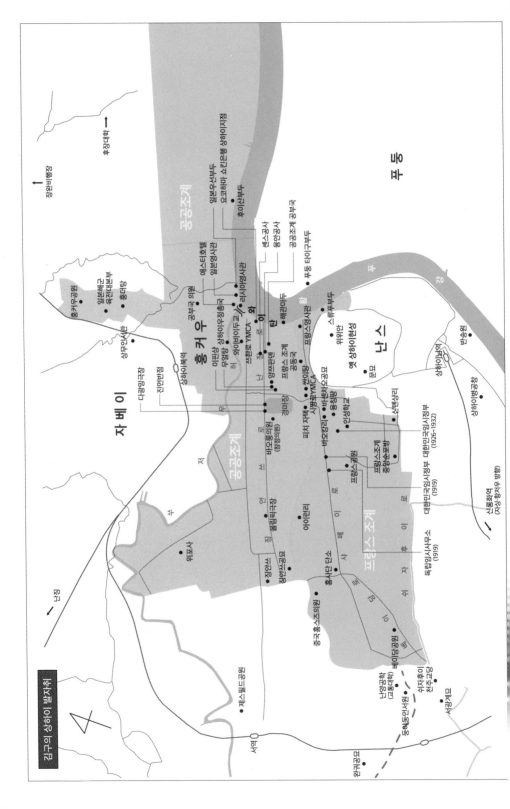

김구의 상하이 발자취

↑ 장완비행장

→ 후장대학

훙커우공원

일본해군 육전대본부

홍더빌딩

상무인서관

다광명극장

진안빈점

상하이북역

홍커우

무열당 아이반투교 소토한루사란

공부국 의원

공부국우정총국

에스티호텔

일본우선부두

요코하마 소킨은행 상하이지점

일본영사관

라시이영사관

후이산부두

센스공사

훙안공사

공공조계

공공조계 공부국

푸둥 타이구부두

푸둥

해관마두

해관부두

프랑스영사관

스류안

위안안

옛 상하이현성

난스

원묘

반송원

상하이난역

상하이병공청

신룽화역
(자싱·항저우 방향)
→

자베이

공공조계

바오룽의원
(광츠의원)

징안쓰

프랑스 조계
공동국

썬이탕

파차 지택

인성학교

바오창리

바젠차오공묘

용칭팡

사베이YMCA

쓰촨로선면

양즈판뎬

프랑스 조계

아이런리

프랑스공원

프랑스조계 중앙순포방

프랑스조계사경부 대한민국임시정부
(1926-1932)

대한민국임시정부 (1919)

독립임시사무소 (1919)

위포사

장안쓰

장안쓰공묘

중국홍십조의원

훙사단 단소

콜럼피아극장

난양공학
(교통대학)

쉬자후이 천주교당

서광계묘

서광계로

베이밍궁원

제스필드공원

둥아둥민서원

완자공묘

난징 →

서역

임시정부청사
샤페이로

1919년 당시 상하이上海는 동·서양의 문물이 만나는 곳이자 열
강들의 정치 활동의 무대였으며, 우리 해외 독립운동의 주요
근거지가 되었다. 아편전쟁 후 체결된 난징조약으로 상하이에
는 영국·프랑스·미국 등의 조계가 설치되어 있었고, 각국의 조
계에서는 본국의 행정권과 경찰권이 행사되었으므로 일본의
영향력을 피해 독립운동을 전개하기에 유리한 곳이었다. 그리
하여 1919년 4월 11일 국내외 독립운동의 지도자들이 상하이
에서 한국 역사상 최초의 공화제 정부인 대한민국임시정부를
수립하였다.

상하이로 망명하다

1919년 기미년 새해가 밝았다. 새해 벽두부터 고종의 승하, 3·1 운동이라는 한국 근대사의 굵직한 사건들이 연이었다. 김구에게도 운명적인 한 해였다. 그는 만세 시위에 참여하기보다는 직접 행동에 나서기로 했다. 그리하여 앞날을 알 수 없는 상하이 망명길을 떠났다. 그가 상하이를 목적지로 해서 안악을 출발한 것이 전국에 시위 운동이 절정에 달할 무렵인 3월 29일이었다.

1919년 4월 중순 김구는 압록강 건너 안둥安東현에서 동지들과 함께 이룽怡隆양행의 배를 타고 상하이로 건너갔다. 그리하여 상하이라는 도시와 깊은 인연을 맺게 된다. 그는 상하이에서의 첫날 밤을 공공조계 궁성시公陸西리에 있는 동포 집에서 보냈다. 상하이 일본총영사관 경찰부가 간행한 『조선민족운동연감』에 의하면, 당시 궁성시리에는

옌안중로 고가도로

신한청년당 본부가 있었다. 아마도 신한청년당과 관련된 인사의 집이 아니었을까 싶다.

그런데 김구가 상하이에서 첫 밤을 보낸 궁성시리의 오늘날 위치는 확실치 않다. 『상해지남上海指南』의 동리와 골목 목록에도 나오지 않는 이름이다. 다만 당시 상하이의 유력지 『신보申報』에 따르면, 궁성시리는 창빈長濱로에 있었다. 창빈로는 공공조계와 프랑스 조계를 가르는 대로로, 현재의 옌안중延安中로이다. 오늘날 옌안시延安西로에서 옌안중延安中로까지 이어지는 고가도로는 상하이의 스카이라인을 감상하는 데 더할 나위 없는 코스이다.

궁성시리가 창빈로의 몇 호에 있었는지는 확인되지 않는다. 정확한 주소가 나오지 않는 것으로 보아 궁성시리는 동네가 만들어지고 오래지 않아 없어진 것으로 추측된다. 다음 날 김구는 황해도 장연 출신 김보연金甫淵의 집에 가서 숙식을 같이했다. 김보연은 김구가 장연에서 교육에 종사할 때부터 따르던 청년이었다.

김구가 상하이에 도착할 무렵 이미 상하이에는 임시정부가 수립되어 국내외로부터 독립운동가들이 운집하고 있었다. 오래지 않아 김구는 이동녕李東寧 등 왕년의 신민회 선배와 동지들을 만날 수 있었다. 그는 상하이 도착 직후인 4월 22일부터 진선푸金神父로 임시정부청사에서 열린 제2회 임시의정원 회의에서 의원으로 당선되었다. 아울러 신익희申翼熙, 서병호徐丙浩 등과 더불어 내무부 차장급에 상당하는 내무위원 10인 가운데 한 사람으로 선임되었다.

경무국장에 임명되기 이전부터 김구는 내무위원으로서 임시정부를 수호하고 상하이 교민 사회의 치안을 유지하는 경찰 업무를 수행했다. 아직 경무국이 본격적으로 가동되지 않았지만 임시정부 수호와 상하이 교민 사회 치안 유지에 대한 경찰 수요가 필요했던 것이다. 그 과정에서 내무부 업무와 관련된 내무위원이었던 김구가 휘하의 청년들을 거느리고 경찰 업무를 수행하였다.

특히 김구는 5월 25일 미주에서 상하이로 온 안창호安昌浩 등 임시정부 요인들을 경호하는 일을 자임하였다. 임시정부 수립 과정에 깊숙이 관여했던 이규갑李奎甲은 다음과 같이 회고하였다.

> 나는 대한청년단을 조직하여 상하이에 망명해 있던 우리 청년들을 조직화하고 있었는데, 5월 15일경에 김구 경무국장이 찾아와서 17일에 도산이 상하이에 들어오는데 신변이 위태하니 대한청년단 대원들을 동원해 달라고 부탁했다.

5월은 김구가 아직 경무국장에 취임하기 전이었다. 그러나 내무총장이었던 안창호는 그해 8월 12일 김구를 경무국장으로 임명함으로써 그의 직속상관이 된다. 김구는 안창호와 신민회 동지이자 그의 여동생 안신호와 혼담이 오간 사이였다. 두 사람은 상하이 시기에도 긴밀한 관계를 유지했다.

대한민국임시의정원 제6회 기념사진(1919. 9. 17.)

대한민국임시정부 직원 일동(1919. 10. 11.)

샤페이로 임시정부청사

1919년 8월 초 임시정부는 카이쯔얼愷自邇로(현재의 진링중로) 창안長安리 교민단 사무소에서 더부살이를 하다가 샤페이霞飛로 321호 신청사로 이전하였다. 독립 청사가 없어 교민단 사무실에서 사무를 보다가 안창호가 미주에서 가져온 자금으로 8월 초에 번듯한 샤페이로 321호 청사로 이전하게 되었던 것이다.

샤페이로 321호 임시정부청사의 위치는 대략 오늘날 화이하이중淮海中로 651호에 해당된다. 화이하이중로와 쓰난思南로가 만나는 지점이다. 현재는 6층 상가 건물이 들어서 있다. 초기 청사 뒤쪽의 잔디밭이 있던 자리에는 쓰난로 우체국 건물이 자리하고 있다. 샤페이로 321호에서 서쪽으로 몇십 미터 더 떨어진 329호 자리는 임시정부 수립의 산파 역할을 한 샤페이로 329호 독립임시사무소가 있었던 곳이다.

김구는 임시정부가 샤페이로 신청사로 이전한 직후인 8월 12일 경무국장에 임명되었다. 1919년 8월 5일 임시정부는 기왕의 위원제를 폐지하고 다시 차장제를 채택하여, 아직 상하이 대한민국임시정부에 부임하지 않고 있는 총장들 대신에 차장들이 각부의 업무를 관장하게끔 정부조직을 개편하였다. 국무총리를 대행하던 내무총장 안창호는 젊고 유능한 인물들을 찾아서 차장으로 선발하였다. 그리하여 각부의 차장들과 직원들이 선임되었다.

김구도 8월 12일 자로 경무국장으로 임명되었다. 기왕에는 통합 임시정부가 들어선 9월로 많이 알려져 있었다. 그러나 안창호의 뒤를 이

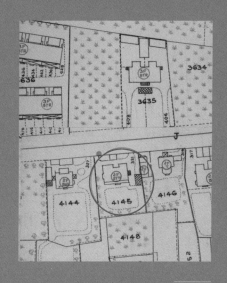

1919년 당시 임시정부청사 위치(1920년 제작된 지적도)

샤페이로 임시정부청사(1919. 10.)와 샤페이로 321호 임시정부청사 자리(현재)

어 내무총장을 맡은 이동녕의 내무부 업무 보고(1919.12.)에 의하면, 8월 12일이다. 김구는 임시정부청사를 수호하여 권위를 세우고 일제의 파괴공작으로부터 청사를 수호해야 하는 막중한 책임을 맡았다.

김구는 1919년 8월 12일부터 1921년 5월까지 경무국장을 역임했다. 『백범일지』에는 5년을 역임했다고 되어 있는데 이는 1922년 9월 내무총장으로 취임한 뒤에도 경무국의 직무에 깊이 관여했기 때문이다. 그처럼 임시정부 경무 계통에서 김구의 영향력은 막강했다. 이광수李光洙는 "임시정부의 내무행정이라면 상하이 거류민 중에 밀정을 단속하는 경무국 일밖에 없었다"라고 회고했다. 과장이 없지 않지만 그만큼 경무국의 업무가 초기 임시정부에서 큰 비중을 차지했다.

기본적으로 경무국은 임시정부를 수호하고 요인들을 경호하며 교민 사회의 치안 유지 임무를 수행하였다. 『백범일지』에 의하면, 경무국의 임무는 "기성국가에서 하는 보통 경찰행정이 아니요, 왜의 정탐 활동을 방지하고 독립운동가가 왜에게 투항하는 것을 감시하며 왜의 마수가 어느 방면으로 들어오는가를 감시하는 데 있다"라고 하였다. 그리하여 "홍구虹口의 왜영사관과 대립하여 암투"하는 것이 경무국의 임무였다.

또한 경무국은 상하이 교민 사회의 질서 및 치안을 유지하는 임무를 맡았다. 당시 상하이에는 독립운동가를 사칭하고 교민들에게 자금 제공을 강요하는 경우가 적지 않았다. 경무국은 이러한 사이비 독립운동가를 색출하여 동포들의 안전과 재산을 보호하는 일이 필요하다고 보고 이에 힘썼다. 그 외에도 임시정부나 교민단 등이 주최하는 각종 행사·집회 등의 안전을 유지하고 경비하는 임무를 수행했다. 3·1절 기념식·신년축하회·장례식·연설회·회의 등의 행사나 집회에 대한 안전을 유지하는 일이 중요하였다.

경무국 경호원들은 경무국장 김구로부터 활빈당 방식의 훈련을 받았다. 105인사건 이후 서대문감옥에서 김구는 활빈당의 당수였던 김진사로부터 활빈당의 입문 과정과 활동, 배신자에 대한 처리 방식 등을 배웠다. 이 훈련에 활빈당이 교살 방식을 활용하여 사형하는 것도 포함되었다. 김구는 김진사로부터 배운 활빈당의 사형 방법을 경호원들에게 연습시켜 정탐꾼 등 밀정 처형에 응용하였다.

샤페이로 청사 시절의 모습

김구는 경호원들과 함께 샤페이로 청사에서 근무하였다. 경무국 소속 경호원은 오늘날의 '경호원'이 아니라 일반적인 경찰관을 말한다. 경호원들은 김구의 지휘 아래 정복을 입고 근무하였다. 초기 경무국 직원은 약 20명에 달했던 것으로 보인다. 임시정부 수립에 깊이 관여했던 현순玄楯은 임시정부 직원들의 근무 광경에 대해 다음과 같이 회고하였다.

정청은 법계法界 하비로霞飛路에 설치하고 부서를 배정해서 아래층 전면 오른쪽에는 내무부와 교통부를 두고, 왼쪽에는 재무부가 전용하

상하이의 인도인 순경

고, 후면 오른쪽에는 접대실로 정하고, 위층 큰 방은 총리실이오, 전방
은 법무와 서기관장書記官長이 병용하며, 후방後房은 외무부와 군무부
가 병용하고, 장랑일좌長廊一座에는 김구의 지휘 아래에 있는 경호원
20명이 정복으로 근무하며, 정청 정문에는 인도인 순경으로 수직守直
케 하였다. 매일 출근은 오전 9시로 오후 4시까지 하고 매일 아침 출
근 시에는 정부직원들이 집합실에 회집해서 무궁화노래 1절을 제창
하고 총리의 고유告諭가 있은 후 각부로 분진시무分進視務하니 일대 수
양소와 흡사하였다.

현순의 회고에 의하면, 임시정부 직원들은 매일 출근 후 '집합실'에 모여 애국가를 부르고 총리의 고유가 있은 후에 각자 사무실로 가서 근무하였다. 1층 오른쪽 방에는 내무부·교통부, 좌측에는 재무부, 후면 오른쪽 방은 접대실, 2층 큰 방은 총리실, 앞방은 법무부·서기관장이 같이 썼고, 뒷방은 외무부·군무부였다. 김구는 1층 내무부에서 근무하면서 경호원들을 지휘했을 것으로 보인다. 경호원들은 청사 2층 복도 한쪽에서 근무하였다.

청사 정문은 인도인 순경이 경비하였다. 당시 영국 식민 당국에 의해 상하이에 온 인도인들은 주로 조계의 경비, 교통정리를 담당하였다. 이들은 인도 내 주류인 힌두교도들이 아닌 소수파인 시크교도들이었다. 이들은 얼굴에 수염을 기르고 두툼한 두건을 쓰고 있었기에 체격이 더 장대하게 보여 위압감을 주었다. 임시정부도 상하이 현지의 관행대로 인도인을 경비로 고용하였다. 인도인 순경들을 감독하는 것 또한 경무국장 김구의 업무 가운데 하나였을 것이다.

경무국은 산하에 '소독단消毒團'이라는 지원 단체를 운영하였다. '소독반消毒班'이라고도 하는 이 단체는 "사회의 부정자를 소독"하는 것을 목적으로 하는 비밀단체였다. 단원은 약 20명으로 주로 평안도 및 황해도 출신 청년들로 구성되었다. 크게 보아 경무국장 김구의 직계 청년들로 보인다. 일제는 이 단체에 대해 "유사시에 돌연 분기한다"고 파악하였다.

소독단의 단장은 손두환孫斗煥이었다. 그는 김구의 동향 출신이자 국내 시절 김구가 교편을 잡았던 학교의 제자이기도 하였다. 그런 만큼 손두환은 김구를 추종했던 청년 가운데 한 사람이었다. 그도 스승 김구처럼 1924년 12월부터 경무국장으로 재직하였다. 그런데 손두환은 후일 김원봉金元鳳의 민족혁명당에서 활동하게 되면서 김구와는 노선을 달리하게 되었다. 광복 후 그는 북한으로 갔다.

김구의 샤페이로 청사 시절은 오래가지 못했다. 일제는 상하이 프랑스 조계 당국에 임시정부에 대해 폐쇄 조치를 내릴 것을 압박해 왔다. 결국 프랑스 조계 당국도 일제의 요구를 수용하지 않을 수 없었다. 10월 17일 프랑스 조계 당국은 임시정부에 대해 48시간 이내 청사를 폐쇄할 것을 명령하였다. 일본의 유력지 『오사카아사히신문大阪朝日新聞』(1919년 10월 22일 자)은 임시정부 샤페이로 청사 폐쇄에 즈음해 이렇게 보도하였다.

상하이 프랑스 조계 샤페이로 321호의 불온 조선인의 본부는 프랑스 경찰로부터 폐쇄 명령을 받았다. 해당 명령은 17일에 나와 48시간의 유예가 주어졌다. 또한 올해 8월 하순부터 한 주에 3회 발행해 온 한글신문 『독립』 역시 18일 발행 금지 명령을 받았다. 향후 이들 한 패에 내홍이 일어 두 파로 분열되어 알력이 생겨 수습하기 어려운 지경에 이르러 특히 조선 본국인으로부터 보내온 송금 등도 충돌을 야기할 듯하다. 주의 주장으로도 온건파와의 의견 차이를 초래하고 있었던 것이다. 어쨌거나 결국 피하기 어려운 운명에 조우하여 오래도록 상하이에 있으면서 세인들의 주목을 끌던 빨간 벽돌의 아름다운 건물과 항상 문에 서서 망을 보고 지키고 있는 2명의 인도인, 끊임없이 출입하는 수많은 젊은 조선인의 양복 차림도 다시 볼 수 없을 것이다. 묘하게 우뚝 솟은 본부의 창이 굳게 닫혀져 있는 것을 볼 뿐이다.

샤페이로 321호 임시정부청사가 폐쇄되면서 임시정부는 부서별로 분산하여 대로 안쪽으로 이전하였다. 김구와 경무국도 다른 곳으로 이전하였다. 이렇게 하여 김구의 짧았던 샤페이로 청사 시절은 끝나게 되었다.

난징로

근대 상하이를 체험하다

김광재

상하이에 가서 난징南京로(현재 난징둥로)를 가지 않으면 상하이에 가지 않은 것이나 마찬가지라는 말이 있다. 1919년 김구가 상하이에 망명했던 때에도 난징로는 상하이의 손꼽히는 번화가이자 명소였다. 난징로는 프랑스 조계가 아니라 공공조계에 있었다. 『백범일지』에 의하면, 김구는 상하이 시절 프랑스 조계를 벗어난 적이 없다고 강조했는데 일제의 상하이영사관 경찰의 보고에 따르면 김구가 프랑스 조계 거주 기간 동안 공공조계에 출입한 사실이 확인되기도 한다. 김구도 난징로의 자유로운 공기를 마음껏 마시고 그곳에서 발산되는 근대성을 온몸으로 체험했을 것이다.

첫 번째 신년축하회에 가다

상하이 시기 임시정부가 프랑스 조계에서만 활동했던 것은 결코 아니었다. 흔히 프랑스 조계가 안전했기 때문에 임시정부가 프랑스 조계에서 수립되었다고 한다. 그런데 프랑스 조계가 안전했다고 강조할수록 공공조계는 더욱더 위험한 공간으로 그려진다.

사실 공공조계가 그렇게 위험했던 것은 아니었다. 임시정부가 수립될 때 독립운동가들이 프랑스 조계를 안전하고 공공조계를 위험한 공간으로 인식했다는 증거는 찾아볼 수 없다. 오히려 임시정부를 세우기 위해 상하이에 모여든 독립운동가들은 프랑스 조계보다는 공공조계 난징로에 있는 호텔에 투숙하였고 거기서 연일 임시정부 수립을 위한 회의를 거듭했다.

공공조계에서도 난징로는 마천루와 백화점, 호텔 등이 있어 매우 번화했다. 게다가 상하이라고 하는 이민 도시의 특성상 외래인에 대한 개방성과 익명성이 보장되는 분위기는 한인들의 자유로운 활동을 위한 여건을 제공해 주었다. 그래서 임시정부의 독립운동가들은 조용한 프랑스 조계보다는 번화한 공공조계를 더 선호했다. 임시정부와 한인사회의 각종 회의·신년축하회·기념식·동향회·학생회·종교활동·장례식·공연 등이 공공조계 시짱西藏로(현재의 시짱중로)와 난징로의 호텔, 백화점의 음식점에서 열렸다.

김구가 상하이 공공조계의 번화가에 모습을 보인 대표적인 경우가 임시정부 신년축하회였다. 1920년 1월 1일 임시정부 수립 후 첫 번째

난징로(1920년대)

이핀샹 건물(왼쪽), 이핀샹 자리의 현재 모습(오른쪽)

신년축하식이 난징로와 가까운 시장로 270호 이핀샹—品香에서 열렸다. 이핀샹은 요리점뿐만 아니라 오늘날 호텔에 해당하는 숙박 시설인 여사旅社도 경영하였다.

　이핀샹은 상하이 한인들과도 인연이 많았다. 1919년 임시정부 수립 이후 이핀샹에서 행사를 여러 번 열었던 기록이 있다. 1919년 5월 상하이 천도교단은 무려 100여 명의 상하이 한인 인사들을 이핀샹에 초청했다. 김구도 그중에 있었을 것이다. 이핀샹에서 상하이 독립운동가들의 망명 생활에 대한 노고를 치하하는 동시에 국내의 현황을 보고하고 국외의 정세를 청취하는 모임이었다. 천도교단이 이핀샹에서 100여 명의 인원을 접대했다는 것은 임시정부 초기 시절 상하이에 왔던 한인들의 경제적 여건이 그만큼 좋았다는 사실을 보여 준다.

　같은 해 8월 22일 한인과 중국인은 친한파 미국인의 송별회를 이곳에서 개최했다. 또한 신년축하회가 있은 지 3일 후인 1920년 1월 4일 저녁, 이곳 이핀샹에서 이동휘李東輝 국무총리가 주재한 상하이 한인 신문기자 초대연이 열리기도 했다. 또한 1920년 4월 3일 안창호가 이핀샹에 묵고 있는 박용만朴容萬을 방문하는 장면이 그의 일기에 보인다. 그러므로 이핀샹은 임시정부 인사를 비롯한 상하이 한인들에게 그리 낯선 곳이 아니었다.

　1920년 1월 1일 이핀샹에서 열린 임시정부 신년축하회는 임시정부 수립 후 첫 번째 열리는 신년축하회이자 공식적인 행사로는 가장 많은 인원이 모였다는 의미가 있었다. 참석자는 약 60명에 달했다.

　12시 정각 애국가 제창에 이어 이동휘 국무총리가 개회사를 하고 안창호 노동국총판, 신규식申圭植 법무총장 등이 소회를 밝히는 연설을 하였다. 이어 "대한민국 만세", "대통령 이하 만세", "33인 만세" 등을 외치면서 축배를 들었다. 다음 해의 신년축하회는 서울에서 개최하자는 목소리가 나오면서 분위기는 한껏 고양되었다.

오후 4시경 신년축하회를 마친 임시정부 인사들은 옥상으로 올라가 역사적인 기념사진을 촬영하였다. 기념사진의 자리 배치는 임시정부 내 지위의 서열을 잘 보여 준다. 2열 왼쪽 끝에 양복 차림의 김구가 앉아 있다. 자리 배치로 보아 임시정부 내에서 핵심은 아니다. 현실적으로는 막강한 힘을 가진 경무국장이었지만 공식적인 직위는 높지 못했다. 비록 중심인 2열이기는 하지만 변두리 자리에 앉을 수밖에 없었다. 그 옆에는 양헌梁憲이 앉아 있는데 김구의 손을 꼭 잡고 있다. 평북

대한민국임시정부 신년축하회 기념사진(1920.1.1.)

선천 출신으로 나이도 비슷했던 양헌과는 절친한 관계였음을 짐작할
수 있다.

새해에 난징로 융안백화점에 가다

김구는 다음 해인 1921년 1월 1일 임시정부의 두 번째 신년축
하식에도 참석하였다. 장소는 융안永安백화점, 다둥뤼서大東旅社, 다차이
러우大茶樓였다. 1918년 개점한 융안백화점은 당시 상하이 중국인들의
소비문화를 주도하던 곳이었다. 다둥뤼서는 임시정부 국무회의라든
가 각종 모임 장소로 애용되었다.

———

대한민국임시정부 및 임시의정원 신년축하식 기념사진(1921.1.1.)

신년축하회는 "만장이 화기애애한 분위기 속에서 즐거움을 다하였다"고 『독립신문』이 보도하고 있다. 성대한 신년축하식을 마친 임시정부 참석자들은 융안백화점 옥상으로 올라갔다. 임시정부 인사 59인은 융안백화점 옥상에서 기념 촬영을 하였다. 이때 찍은 기념사진은 신년축하회가 끝난 후 엽서로 만들어져 배포되기도 했다. 전년도 신년축하회 사진과 마찬가지로 역사적인 사진이다.

사진에 김구의 모습이 잘 보인다. 그런데 사진상으로만 볼 때 김구의 임시정부 내 위상은 전년에 비해 낮아졌다. 전년도 사진에서는 비록 왼쪽 끝자리이기는 하지만 어쨌든 2열이었는데, 해가 바뀌면서 오히려 바닥으로 내려앉았다. 이승만李承晩 등 새로운 인물들이 참석함에 따라 밀려난 것이다. 바닥에 앉아 있는 40대 중반의 김구 뒤로 20대 중반의 신익희가 팔짱을 끼고 앉아 있는 것이 유난히 눈에 들어온다. 김구는 경무국장이고 신익희는 차장(次長, 차관)이라는 지위의 차이였다.

김구와 공공조계

프랑스 조계의 한인들은 자유로이 공공조계를 드나들었다. 하지만 공공조계에 대한 인식은 사람에 따라 한결같지 않았을 것이다. 같은 공간이라고 하더라도 정치적 입장이나 세계관에 따라 다르게 와닿을 수 있기 때문이다. 안창호와 김구의 공공조계에 대한 태도를 비

융안백화점(1920년대)

융안백화점 옥상의 기운각(현재)

교해 보면 그러한 차이를 쉽게 이해할 수 있다. 안창호는 공공조계에 대해 자유롭고 개방적인 태도를 보였다면 김구는 다소 보수적이고 배타적인 태도를 취했다. 여기에는 두 사람이 살아온 배경이 서로 달랐던 점도 작용한 듯하다. 안창호는 일찍이 기독교와 근대 학문을 수용하였으며 미국 생활에 익숙했다. 김구는 상하이에 오기 전에 국내에서만 거주하였다.

1919년 4월 하순 상하이에 도착한 김구는 1932년 윤봉길 의거 이후 상하이를 탈출하기까지 약 13년 동안 프랑스 조계에 거주하였다. 김구가 공공조계에 대해 보수적인 태도를 보이는 데는 경무국장이라는 임시정부 내 그의 직책과도 관련이 깊을 것이다. 『백범일지』에서 김구는 "홍구의 왜영사관과 우리 경무국은 대립·암투하였다"고 하였다. 그 과정에서 김구는 공공조계의 일본영사관이 프랑스 조계에 침투시킨 밀정들을 색출하고 처단하는 데 몰두하였다.

그렇지만 프랑스 조계에 사는 그에게도 공공조계는 밀접한 관계가 있던 공간이었다. 김구는 공공조계를 적지 않게 출입하였다. 프랑스 조계에 거주하던 그는 공공조계에서 열린 임시정부 등 독립운동 단체의 각종 행사나 회의, 개인적인 모임 등에 참석하였다. 안창호의 일기에는 1920년 안창호가 김구 등과 함께 공공조계 난징로의 융안백화점과 센스先施백화점 호텔 음식점에서 모임을 갖던 장면들이 확인된다.

하지만 1942년에 탈고된 『백범일지』 하권에서 김구는 자신이 평소 프랑스 조계를 벗어난 일이 없었음을 강조하였다. 1929년에 탈고된

『백범일지』 상권에는 나오지 않는 내용이다. 『백범일지』 하권에 가서야 김구는 상하이 시절의 기억을 떠올리면서 프랑스 조계를 독립운동의 공간, 공공조계는 친일파의 공간으로 설정하였다.

> 상하이에서 중대 사건이 발생한 것을 알고 남경에 있던 남파南坡 박찬익朴贊翊 형이 상하이로 옮겨와서 중국 인사들과 접촉한 결과, 우리는 물질상으로만이 아니라 여타 방면에서도 중국 측으로부터 많은 편의를 제공받았다. 나는 낮에는 전화로 잡혀간 동포의 가족들을 위로하고 밤에는 안(안공근)·엄(엄항섭)·박(박찬익) 등의 동지들과 출동하여 체포된 가족들의 구제와 그와 관련된 교섭 작업을 진행하였다. 그러던 중 중국의 유명인사인 은주부殷鑄夫, 주경란朱慶蘭, 사량교査良釗 등의 면회 요구에 응하기 위하여 야간에 자동차를 타고 홍구 방면과 정안사로靜安寺路 방면으로 돌아다녔다. 평일에는 한 걸음도 프랑스 조계 밖으로 나다니지 않던 나의 행동거지로 볼 때, 그것은 일대변동이 아닐 수 없었다.

김구는 '평일에는 한 걸음도 프랑스 조계 밖으로 나다니지 않던'이라고 서술했다. 그러면서 1932년 윤봉길 의거 이후 중국 측 인사들의 면회 요구에 응하여 공공조계 홍커우虹口와 징안쓰靜安寺로 지역을 돌아다녔다고 하였다. 이것을 "일대변동"이라고 썼다.

김구는 윤봉길 의거 이후 상하이를 떠나 자싱嘉興, 항저우杭州로 피신하였지만 상하이에 여러 번 다시 왔었던 것으로 보인다. 일제의 상하이영사관 경찰의 보고에 따르면, 1933년 4월 26일 김구가 상하이 모역某驛에 내려 자동차로 중국인 거리로 가서 조선인과 회식을 했는데, 김구의 신변을 중국인 순경이 호위했다고 한다. 또 7월 16일에는 김구 등이 프랑스 조계를 산보하였다거나 8월 2일 안경근安敬根과 함께 상하이 징안쓰 근처 서양식 건물에 출입한 사실이 있었다.

그러므로 상하이에서의 김구의 행적을 이해하는 데 있어 프랑스 조계와 공공조계의 경계를 지나치게 고정적인 것으로 인식할 경우 오히려 역사적 사실과 멀어지는 결과를 초래할 수 있다. 차라리 그 경계는 유동적이었다는 것이 역사적 사실에 가깝다. 그래야만 사료에 나타나는 상하이에서 김구의 활동상에 대해 제대로 이해하는 것이 가능할 것이다.

징안쓰공묘

상하이 시절 김구는 소중한 가족이나 생사를 함께했던 동지들을 먼저 떠나보냈다. 고인에 대한 장례를 치르면서 내부 결속과 애국심, 독립 의지를 고취하는 것은 남은 자들에게 중요한 일이었다. 임시정부가 수립된 후 상하이에서 처음으로 성대한 장례가 치러진 경우는 김구의 절친했던 동지 안태국安泰國의 장례식이었다. 오늘날 전해지고 있는 장례식 날 촬영된 두 장의 대형 파노라마 사진은 그날의 분위기를 생생하게 보여 준다.

안태국이 묻혔던 징안쓰공묘靜安寺公墓는 오늘날 공원으로 바뀌었다. 길 건너에 고찰 징안쓰靜安寺가 있어 거리 이름도 징안쓰로였지만 지금은 난징시南京西로로 바뀌었다. 오늘날 난징둥南京

로가 휘황찬란한 야경에 인파로 넘쳐나는 것과는 달리 난징
시로는 차분하고 세련된 분위기를 연출하고 있다. 그 속에 자리
잡고 있는 징안쓰공묘는 도심 속의 고즈넉한 쉼터를 시민들에
게 제공하고 있다.

동지 안태국, 상하이에서 순국하다

1919년 9월 상하이의 대한민국임시정부, 노령의 대한국민의
회, 서울의 한성정부가 하나로 합친 통합 대한민국임시정부가 의욕적
으로 출범하였다. 하지만 얼마 지나지 않아 통합임시정부는 균열되기
시작했다.

노령에서는 새로이 특사를 파견하여 노령과 상하이의 두 조직을 명
실상부하게 통합하는 문제를 제의하기로 했다. 이때 특사로 파견된 사
람이 바로 안태국이었다. 그가 특사로 선정된 데는 105인사건 이후 명
망이 높아 적임자로 판단되었기 때문이다. 또한 당시 상하이의 대한민
국임시정부를 실질적으로 운영하던 안창호와 절친한 옛 동지였다는
사실도 중요하게 작용하였다.

안태국은 1920년 3월 14일 상하이에 안착하였다. 3월 17일 난징로
셴스공사 둥야뤼서東亞旅社에서 안창호가 환영 만찬을 베풀었다. 이 자
리에는 김구도 특별히 초청되었다.

그런데 안태국은 상하이에 온 지 채 한 달도 안 된 4월 11일 쉬자후

이徐家匯로의 중국홍스즈紅十字의원 16호 병실에서 사망하였다. 장티푸스와옥중에서 얻었던 심장내막염이 동시에 발병했던 것이다. 안창호와 김창세金昌世 두 사람의 극진한 간호에도 불구하고 안태국은 운명을 달리하였다. 향년 46세였다.

안태국 사후 장의와 관련된 전반적인 진행은 안창호가 주도했다. 안창호는 안태국의 동지들을 불러 장의 문제에 대한 전반적인 절차를 논의하였다. 김구에게는 염의제봉殮衣製縫에 관한 일을 부탁했다고 안창호의 일기에 나와 있다.

안태국의 장례는 상하이 한인 교민 사회의 사회장으로 치러졌다. 비록 사회장으로 치러졌지만 그 규모는 국장으로 치러졌던 1925년 임시 대통령 박은식朴殷植의 장례식과 비교해도 손색이 없었다. 안태국

난징로 센스공사 둥야뤼서(오른쪽 'MIDO' 간판이 붙어 있는 건물)

중국훙스즈의원

의 장례 일정과 묘지 등에 대해 결정된 사항들은 『독립신문』의 부고란
에 게재되었다. 우인 명단은 이동휘李東輝, 이동녕, 박은식朴殷植, 이시영
李始榮, 신규식, 손정도孫貞道, 안창호, 김구였다. 안태국과 절친했던 인사
들이 망라되었다. 그들은 모두 신민회에서 안태국과 함께 활동했던 동
지들이었다.

장지는 징안쓰공묘로 결정되었다. 징안쓰공묘는 1896년 공공조계
당국이 만든 상하이의 대표적인 외국인 묘지였다. 당시 상하이에서 외
국 교민들을 위한 공묘는 징안쓰공묘 외에 완궈萬國공묘, 바셴차오八仙
橋공묘, 훙차오루虹橋路공묘 등이 있었다. 완궈공묘와 징안쓰공묘는 상
하이 한인들이 묻혔던 대표적인 묘지였다. 완궈공묘에는 신규식, 김

상하이 징안쓰공묘 옛 모습과 징안쓰공묘 자리(현재의 징안공원)

안태국 장례 호상소(루이캉리 안창호 자택에 빈소를 차림)

가진金嘉鎭 등이 묻혔고, 징안쓰공묘에는 임시 대통령을 지낸 박은식을 비롯한 노백린盧伯麟, 안태국, 윤현진尹顯振 등의 유해가 안장되었다.

호상소에 만시를 걸다

장례 호상소는 프랑스 조계 카이쯔얼愷自邇로 268호 루이캉瑞康리 안창호 자택에 차렸다. 안창호는 중국홍스스의원에서 안태국이 타계한 후 자택을 빈소로 만들었다. 사진에 보이는 호상소護喪所는 전형적인 석고문石庫門 주택의 1층 대청이다. 당시 상하이에 살던 대부분의 한인들이 이런 석고문 주택에 살았다. 1층 대청은 탁자와 의자가 있어 손님들과 담소를 나누는 응접실 역할을 했다. 옆으로 방들이 있고 2층 방으로 올라가는 계단이 있다. 39쪽 아래 사진에 보이는 대청마루 바닥은 매우 닳아 있다. 수많은 문상객들이 다녀간 흔적일 것이다.

호상소 중앙의 태극기 옆으로 안태국과 가까웠던 이동녕, 김구의 만시輓詩가 보인다. 먼저 태극기 바로 옆에 세워져 있는 것은 이동녕의 만시이다. 사람에 가려 일부가 보이지 않지만 "歌朝露泣暮暉 哀吾生之無幾(가조로읍모휘 애오생지무기)"라는 내용이다. 그러나 그의 만시는 실제로는 이 구절 외에 한 구절이 더 있다. 사진에는 첫 구절만 보이고 뒤 구절은 보이지 않는다. 전문은 『독립신문』에서 확인할 수 있다. "歌朝露泣暮暉 哀吾生之無幾(가조로읍모휘 애오생지무기) 溯往蹟想來日求其還者屬誰(소왕적상래일 구기환자속수)"가 온전한 내용이다. 뜻을 풀이

하면 "아침 이슬을 노래하고 저녁 노을빛에 울음 우니 슬프도다 우리
삶의 덧없음이여, 지나간 발자취를 거슬러 올라가고 내일을 생각한들
구하여 그 돌아오는 것이 누구에게 속할 것인가"이다.

오른쪽 벽을 보면 김구의 만시가 눈에 띤다. 김구가 곽병규郭炳奎, 유
진호柳振昊와 함께 세 사람의 명의로 쓴 것이다. 사진에서는 글자를 식
별하기 힘들지만 마찬가지로 『독립신문』에서 그 전문이 확인된다.

"立敵廷持節如霜(입적정지절여상) 爲祖國發憤忘食(위조국발분망식)"

"원수의 법정에서 절개를 가지는 것이 서릿발과 같고, 조국을 위함
에 분발하여 끼니를 잊으셨도다"라는 뜻이다. 김구는 안태국이 일제
의 재판정에서도 절개를 굳게 지켰으며 조국을 위하여 발분망식하였
다고 기렸다.

장의 행렬의 앞장을 서다

4월 14일 오후 1시 30분 장의 행렬은 묘지로 출발하였다. 이때
안창호의 주선으로 사진 촬영이 있었다. 덕분에 2장의 기념비적인 파
노라마 사진이 후세에 남게 되었다. 길이 130센티미터, 폭 30센티미
터의 당시로는 보기 드문 대형 사진이다. 이후 상하이 한인 사회에는
장례식 때 기념사진을 촬영하는 것이 하나의 관례가 되다시피 했다.

발인 직전에 촬영한 것으로 보이는 사진의 배경은 호상소였던 루이 캉리 안창호 자택 앞이었다. 여기서도 김구를 어렵지 않게 찾을 수 있다. 오른쪽 농당 입구 위에는 '루이캉리瑞康里'라고 하는 방액坊額이 희미하게 보인다. 장례 행렬의 모든 사람들이 촬영 카메라를 응시하고 있다. 영구를 실은 마차 앞에는 안창호가 있고 바로 옆에 김구가 서 있

발인 직전의 안태국 장의 행렬 모습(호상소가 설치되었던 루이캉리 안창호 자택 앞)

징안쓰공묘의 안태국 장의에 참석한 상하이 한인들

다. 경무국장이었던 김구는 장례식에 필요한 일들을 처리하고 미리 프랑스 조계 당국과 교섭하거나 장례 행렬의 질서 유지 등 궂은일을 도맡아 했을 것이다.

드디어 영구는 루이캉리 호상소를 출발하였다. 맨 앞에는 30여 개의 만장이 섰다. 그다음 모자와 제복 차림의 악대, 무관학교 학생 30여

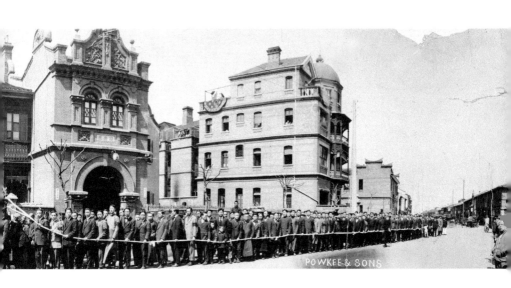

명이 섰다. 사진의 행렬 가운데 왼쪽에 무관학교 학생들이 열을 지어 있다. 제복 차림에 수염을 기른 무관학교 생도대장 도인권都仁權의 모습이 보인다. 그 옆에는 청년 7인이 명정을 높이 들고 있으며 뒤로 영구를 실은 마차가 따랐다.

왼팔에 검은 베로 띠를 두른 300여 명의 회장인들은 카이쯔얼로 루이캉리를 출발하여 창빈로를 거쳐 징안쓰공묘로 향하였다. 창빈로는 프랑스 조계와 공공조계를 가르는 대로였다. 징안쓰공묘 직전에는 공공조계 전차 차고가 있었고, 그 길 건너에는 한인들이 다수 모여 살던 아이런愛仁리가 있었다.

영구에는 흰 천으로 만든 집불執紼을 좌우로 길게 늘이어 각각 회장인會葬人들 50여 명이 늘어섰다. 집불을 잡지 못한 100여 명의 사람들은 그 뒤에 서고 마지막에 교민단, 청년단, 적십자사, 인성학교, 애국부인회 등 각 단체 및 독립신문사 대표들의 마차가 늘어섰다. 장엄한 행렬은 서서히 앞으로 움직였다. 선두의 악대가 간간이 관악을 연주하여 비장한 분위기를 더했다.

묘지에서 추도사를 하다

오후 3시 장의 행렬은 징안쓰공묘에 도착하였다. 빈소에서 발인하여 묘지에 도착하는 데 약 1시간 반이 걸렸다. 평상시 성인 걸음으로는 약 30분 정도의 거리이다. 징안쓰공묘에 도착한 일동은 묘지내 예식당으로 입장하여 영구를 앞에 놓고 예식을 치렀다.

김병조金秉祚 목사의 주재로 장례식을 거행하였다. 일동은 찬송가 제
260장을 합창하였다. 영결식을 주재하던 김병조 목사는 안태국의 순
국에 즈음하여 동포들의 애국심을 고취하는 감동적인 영결사를 했다.
계속하여 여운형呂運亨이 선생의 생전사를 구술하였다. 이어 손정도가
일어서 "나와 갓치 그 무서운 고초를 당한 나의 진실로 숭배하는 애국
자 안 선생이 이 압헤 누엇도다"라고 하면서 갑자기 대성통곡하였다.
이에 울음을 자제하던 참석자들도 모두 눈물을 흘렸다.

다음에 김구의 추도사가 있었다. 추도사의 내용은 알 수가 없지만
고인을 떠나 보낸 비통한 마음을 담았을 것이다. 이원익李元益 목사의
폐식 기도로 예식이 모두 종료되었다. 예식이 끝난 후 일동은 영구를
묘지로 옮겼다. 참석한 이들은 단체 기념 촬영을 하고 기도와 찬송으
로 시신을 안장하였다.

장례식 파노라마 사진에는 중간에 우뚝 솟은 명정 앞에 있는 이동
휘와 김구 사이에 화환과 영구의 일부가 보인다. 안태국 영구 하관 직
전에 촬영한 것으로 보인다. 이동휘와 김구 외에 안창호, 박은식, 여운
형, 신익희, 이광수 등 낯익은 얼굴들이 보인다. 남자들은 대개 양복 차
림이다. 김구도 양복 차림에 왼팔에 검은 띠를 두르고 있다. 몇몇 중국
복장이 보이고, 카키색 복장의 무관학교 생도들도 보인다. 여자들은
양장 외에 한복 차림도 눈에 띈다.

무덤 앞에는 "惟一國士 東吾安泰國先生之墓(유일국사 동오안태국선
생지묘)"라는 묘비명이 세워졌다. 오후 5시경 장례식이 모두 끝났다.

그렇게 하여 김구는 생사를 함께했던 동지 안태국을 영원히 떠나보냈다.

융칭팡

김광재

삼대 가족의 단란했던 한때

오늘날 상하이에서 전통과 현대가 가장 잘 조화되어 있는 휴식 공간을 든다면 많은 사람들은 신텐디新天地를 꼽는 데 주저하지 않는다. 세련되고 고급스러운 레스토랑, 카페, 상점이 즐비한 이곳은, 현지 중국인들뿐만 아니라 많은 외국 사람들이 찾고 있다. 또한 신텐디는 역사적으로도 중요한 의미가 있는 공간이다. 중국공산당의 탄생지인 일대회지一大會址 기념관이 있어 오늘도 많은 중국인들의 참관이 이어지고 있다. 뿐만 아니라 한국 독립운동사에 있어서도 자못 의미가 깊은 곳이다. 이곳 신텐디에는 김구 가족 삼대의 행복과 슬픔이 함께했던 융칭팡永慶坊이라는 동네가 있었다. 당시 주소로는 프랑스 조계 베이러貝勒로이다. 융

칭팡 밑 동네인 수더리樹德里는 일대회지가 있는 곳인데, 프랑스
조계를 전전하던 임시정부가 1924년 잠깐 머문 적이 있었다.
지금은 마당馬當로 임시정부청사 기념관을 가기 위해 신톈디를
거쳐 가지만 이곳의 융칭팡과 수더리를 아는 사람은 드물다.

융칭팡과 한인들

융칭팡은 1920년에 지어진 석고문 농당弄堂이다. 오늘날 신톈
디 지역에는 융칭팡을 비롯하여 여러 개의 석고문 농당이 있었다. 대
부분의 사람들은 신톈디를 완전히 헐고 새로 지은 것으로 알고 있다.
사실 신톈디 지역은 기본적으로는 옛 형태를 그대로 살리는 형식으로
재현되었다. 때문에 주의 깊게 살펴본다면 신톈디 내 농당 건물에 배
어 있는 옛날 흔적들을 어렵지 않게 발견할 수 있다. 신톈디 내에 있는
융칭팡도 마찬가지다. 건물을 해체하고 다시 원자재들을 조립했기 때
문에 옛 건물의 원형을 보존하고 있다. 몇 군데 입구에 지금은 희미해
졌지만 '융칭팡永慶坊'이라고 새겨진 방액坊額을 볼 수 있다.

1919년 10월 30일 구한말 고위 관직을 지낸 김가진이라는 인사가
상하이로 망명하였다. 일흔이 넘는 고령이었다. 김가진의 망명은 일제
식민 당국자들에게 큰 충격을 주었다. 김가진은 갑오개혁 때 농상공
부 대신을 비롯하여, 일제의 한국 강제합병 직후에는 일제로부터 남작
의 작위를 받기도 하였다. 그러한 인물이 상하이의 임시정부를 찾아갔

융칭팡 방액

융칭팡 10호 현재 모습

김가진의 장례식 모습

다고 하니 일제로서는 적지 않게 놀랐던 것이다. 조선총독부가 사람을 보내어 김가진을 다시 한국으로 빼내 오려고 시도했던 것도 이상할 것이 없다.

임시정부를 비롯한 교민 사회에서는 김가진의 망명을 크게 환영하였다. 현지의 많은 신문들은 김가진의 상하이 망명을 보도했다. 그는 임시정부의 고문으로 추대되어 상하이 한인 사회의 정신적인 지주가 되었다.

김가진은 아들 김의한金毅漢과 함께 융칭팡 10호에 거처를 마련하였다. 융칭팡 10호는 베이러로 길가에서 좁은 골목을 따라 안으로 쑥 들어간 곳에 있었다. 얼마 후 김가진의 며느리 정정화鄭靖和도 한국에서 건너와 함께 생활하였다.

일흔이 넘는 노인의 이역 생활은 녹록하지 않았다. 설상가상으로 김가진은 건강이 날로 악화되어, 1922년 7월 4일 일흔넷의 고령으로 불귀의 몸이 되었다. 이국땅으로 망명한 지 3년 만이었다. 상하이 한인 사회에서는 다들 어려운 형편이었지만, 김가진의 장례식을 성대하게 치렀다. 유해는 훙차오虹橋의 완귀공묘萬國公墓에 안장되었다.

융칭팡과 김구 가족의 짧았던 행복

1922년 김구는 국내의 가족들을 상하이로 불러들였다. 김구로서는 상하이 생활이 그렇게 길어질 것이라고는 생각하지 못했다. 그러나 시간이 지날수록 독립운동이 장기전이 될 것이라는 느낌이 들었다. 1920년 1월 임시정부가 독립전쟁을 선포하고 이핀샹—品香에서 신년 축하회를 할 때만 해도 다음 해의 신년축하회는 서울에서 열자는 얘기가 나올 정도로 낙관적인 분위기가 있었다. 그러나 1921년 기대를 걸었던 워싱턴회의에서 한국 문제가 상정되지 않으면서 독립운동 진영의 열기는 빠르게 식어 갔다. 김구도 이 점을 절실히 느꼈을 것이다. 결국 장기적인 독립운동을 위해서는 생활이 안정될 필요가 있고 그러기 위해서는 가족이 곁에 있어야 했다.

망명지 상하이에서 독립운동에 분주하던 김구는 실로 오랜만에 다섯 가족이 한 지붕 밑에 살게 되었다. 가장인 김구를 비롯해 부인 최준례崔遵禮, 모친 곽낙원郭樂園, 두 아들 김인金仁과 김신金信. 오랜 옥살이와 망명생활로 가족과 떨어져 살았던 김구로서는 이때가 자신의 일생에서 가장 행복한 시절이었을 것이다.

김구 가족(1921년). 왼쪽부터 김구, 아들 김인, 부인 최준례다.

그들의 보금자리는 융칭팡 10호 2층 단칸방이었다. 원래 이곳은 김가진 가족이 살던 집이었다. 김가진 사후 그 가족이 근처 다른 곳으로 이사를 가고 대신 김구 가족이 들어와 살게 되었다. 김가진과 김구 두 집안은 각별한 인연을 이어 갔다.

그러나 김구 가족의 단란한 생활은 오래가지 못했다. 1924년 새해 첫날인 1월 1일에 폐병을 앓던 아내 최준례가 먼저 세상을 떠났다. 최준례는 1922년 9월에 둘째 아들 김신을 낳고 몸조리도 제대로 못 하고 있었다. 산후의 몸에도 불구하고 시어머니에게 세숫물을 버려 달라고 하기가 황송했는지, 세숫대야를 들고 아래층으로 내려가다가 층계에서 굴러 떨어져 크게 다쳤다.

최준례는 낙상으로 인한 늑막염이 폐병으로 악화되어 급기야 공공조계 바이커白克로 415호 바오룽寶隆의원에 입원하였다. 김구는 바오룽의원에 가서 부인을 병문안하였다. 독일계 병원인 바오룽의원은 김

최준례가 실족한 융칭팡 10호 계단

구의 주치의 역할을 한 퉁지同濟대학 출신인 유진동劉振東이 한때 근무했던 적이 있었다. 바오룽의원은 1900년 퉁지同濟의원이라는 이름으로 설립되었는데, 독일 계통인 퉁지대학의 부속병원으로 기능하였다. 그러다가 1909년 설립자인 독일인 의학박사 에릭 파룬(Erich Paulun, 埃里希·寶隆)의 사후 그의 이름을 따서 병원 이름으로 붙였다. 현재 바오룽의원은 창정長征의원으로 이름이 바뀌었다.

최준례는 차도를 보이지 않았다. 급기야 훙커우 폐병원에 격리 입원하기에 이르렀다. 『백범일지』에서 언급된 훙커우 폐병원은 훙커우 라오바쯔老靶子로에 있던 공공조계 공부국工部局의원으로 보인다. 최준례가 차도를 보이지 않자 어쩔 수 없이 무연고 환자로 해서 공부국의원에 입원시켰다. 외국 선교회가 아니라 공공조계 공부국이 운영하던

공부국의원 모습　　　　　　바오룽의원 모습(1934)

병원이었다. 1904년 공부국이 설립한 이 병원은 당시 격리隔離의원으로 불렸다. 일본인들은 피병원避病院으로 불렀다. 공부국의원은 현재 상하이시 제1인민의원第一人民醫院으로 바뀌어 오늘도 많은 환자들이 치료를 받고 있다.

홍커우가 일본의 영향력이 강했던 곳이기 때문에 김구는 한 번도 아내를 문병할 수 없었다. 최준례의 임종을 지켜본 이는 김가진의 며느리 정정화였다. 임종에 즈음하여 정정화가 김구를 부르려고 했으나 최준례는 힘없이 고개를 저었다. 일경에 쫓기는 남편이 올 수 없다는 것을 너무도 잘 알고 있었기 때문이다. 김구의 모친 곽낙원이 연락을 받고 병원으로 달려갔을 때 최준례는 이미 영안실로 옮겨져 있었다. 이렇게 그녀는 독립운동가의 아내로서 서른다섯의 한 맺힌 생애를 마쳤다.

최준례 장례식의 광경

김구는 독립운동 기간 중에는 혼례나 장례를 성대하게 치르는 것을 좋아하지 않았다. 아내의 장례를 검약하게 치르기로 하고, 국내 친지들에게도 알리지 않았다. 그러나 주위 사람들이 그녀의 생전의 고초가 김구 때문이었으므로 곧 나랏일에 공헌한 것이라 하여 각자가 의연금을 추렴하여 장례를 성대히 치르게 되었다.

장지는 융칭팡에서 가까운 샤페이로 바셴차오공묘八仙橋公墓였다.

바셴차오공묘(1920년대)

화이하이공원으로 바뀐 바셴차오공묘 자리(현재)

1865년 조성된 외국인 묘지로 '바셴차오'라는 다리 서쪽에 있었기 때문에 바셴차오공묘로 불리었다. 1924년 1월 4일 오후 2시 많은 동포들이 모인 가운데 장례식이 엄숙하게 거행되었다. 장례식에서 임시정부 요인 윤기섭尹琦燮이 고인의 약력을 보고하면서 생전에 고인이 겪었던 이루 말할 수 없는 고생담을 회고하였다. 김구가 두 번째로 감옥에 들어가서 옥살이를 하는 동안 최준례가 혼자서 늙은 시어머니를 봉양하면서 고생하던 시절의 얘기였다. 듣고 있던 모든 이들의 눈에 눈물이 비 오듯 하였다고 한다. 『동아일보』는 최준례의 장례식 광경에 대해 다음과 같이 보도하였다.

지난 1월 1일 하오 2시에 세상을 떠난 김구 씨의 부인 최준례 여사의 장례식은 지난 1월 4일 오후 2시에 프랑스 조계 하비로 공부국 묘지에서 기독교식에 의지하여 목사 조상섭 씨의 사회로써 상하이에 있는 남녀동포가 많이 모여서 엄숙하게 거행하였는데, 일동은 모두 깊은 느낌의 얼굴로써 지내었고, 윤기섭 씨가 설명하는 역사 중에 김구 씨가 두 번째 감옥에 들어가서 15년의 징역을 선고를 받은 뒤에 가출옥이 되기 전 4년 동안에는 안악군에 있는 안신여학교에서 선생이 되어 약간의 봉급으로써 늙은 시모를 봉양하니 또한 넉넉지 못하야 교수한 여가에는 친히 동산에 올라가서 나무를 베어다가 삼동의 얼음 같은 찬방을 녹이고 소생의 어린 딸 하나와 함께 삼대의 여인끼리 서로 의지하면서 즐거움 없는 세월을 보내었다는 말에는 회장會葬한 일동의 눈에 눈물이 비 오듯 하였다. 풍파와 고초를 많이 당하고 쉬지 아니하며 분투하는 남편을 다시 만난 뒤에도 가난살이를 하던 일이며 이번에 최씨가 세상을 떠난 뒤에도 김구 씨는 우리 민족의 처지가 이와 같으니 극히 검소하게 장례를 지내려고 결심하였으나, 많은 동지들의 권고와 주선으로써 창피치 아니한 장례를 거행하게 된 것이라더라.

(『동아일보』1924. 1. 12.)

다음 달인 2월 13일에는 최준례 묘소의 묘비 제막식이 열렸다. 묘비를 준비하는 데 한 달여의 시간이 소요되었다. 『동아일보』는 "더욱 뜻을 이루지 못하고 표랑하는 남편을 두고 죽을 때에 그 부인의 눈이 어찌 차마 감기었으랴!"라는 제목으로 묘비 제막식 소식을 알렸다.

이 사진은 향자 보도한 바와 같이 사회를 위하여 무한한 고초와 분투하는 남편을 만나서 남이 겪지 못할 고생으로 간장을 녹이다가 몇 천리 밖인 다른 나라에서 이 세상을 떠난 김구 씨의 부인 최준례 여사의 무덤에 세운 빗돌이다. 이 비는 상하이에 있는 동포들이 그의 사십 평생의 고적하고 가난한 경우를 불쌍히 여겨 넉넉지 못한 주머니를 털어 돈을 모아서 세운 것인데 조선어학자 김두봉 씨가 지은 순 조선문의 비문으로 썼고 이 빗돌 뒤에 있는 늙은 부인은 그의 시어머니 곽씨이요 모자 쓴 남자는 그 남편 김구 씨요 오른편에 있는 아해는 큰아들 김인(5)이요 왼편에 있는 아해는 그 둘째 아들(김신)이다. 늙은 시모, 어린 자손, 더욱 뜻을 이루지 못하고 표랑하는 남편을 두고 죽을 때에 그 부인의 눈이 어찌 차마 감기었으랴! 쓸쓸한 타향에 가족을 두고 외

최준례 묘비를 세우고

로이 누운 그에게 이 빗돌만이 쓸쓸한 회모懷慕를 더욱 도을 뿐이다.

(『동아일보』 1924. 2. 18.)

　최준례의 묘 앞에는 특이한 한글 묘비가 세워졌다. 한글학자 김두
봉金枓奉이 지은 비문은 생몰년월일까지 '4222년 3월 19일 생'을 "ㄹㄴ
ㄴㄴ해ㄷ달ㅊㅈ날 남", "대한민국ㅂ해ㄱ달ㄱ날 죽음"이라고 한글로
표기하고 옆에 "남편 김구 세움"이라고 새겼다.

광복 후 부인 묘 참배와 유해 봉환

최준례 사망으로부터 21년의 시간이 흘렀다. 윤봉길 의거 이후 13년 만에 다시 상하이에 온 김구는 바쁜 일정 중 틈을 내어 바셴차오공묘의 부인 묘지를 참배하였다. 『백범일지』에는 이렇게 기록되어 있다.

> 구 불란서 조계 공동묘지를 찾아가서 아내의 묘지에 참배할 때, 전에 있던 자리에 가 보니 분묘가 흔적조차 없었다. 내가 의아해하자 따라온 묘지기가 10년 전에 이장한 사실을 고하고 인도하여 주니, 분묘를 성찰하였다.

20여 년의 세월이 흐르면서 최준례의 묘소는 바셴차오공묘 안에서 다소 변동이 있었다. 최준례의 유해가 국내로 이장된 것은 그로부터 3년 뒤였다. 1948년 만주와 화북이 중국공산당에 의해 점령되면서 대륙의 정세가 심상치 않게 돌아갔다. 당시 중국공산당은 중국 전역에서 국민당 군대를 몰아붙이고 있었다. 김구로서는 중국에 있던 어머니와 부인, 장남의 묘소가 걱정되지 않을 수 없었다. 마침 평양의 남북연석회의에 참석하고 돌아온 김구는 1948년 6월 아들 김신을 중국으로 보냈다. 충칭重慶의 모친 곽낙원과 장남 김인, 그리고 임시정부 요인 이동녕, 차리석車利錫, 상하이에 묻혀 있던 부인 최준례의 유해를 모셔 오도록 하였다.

김신은 곧바로 중국으로 갈 방법이 없어 일단 부산에 가서 배를 타고 홍콩으로 간 뒤에 다시 상하이로 들어갔다. 충칭으로 간 김신은 치장綦江현에서 이동녕의 유골을 수습하고 허상산和尙山에 있던 모친과 장남, 그리고 차리석의 유골을 수습해서 상하이로 갔다. 상하이에서 김신은 바셴차오공묘에 있던 어머니의 유골을 수습했다. 그때까지 김두봉이 써 준 비석이 있었다고 김신은 회고하였다.

천신만고 끝에 김신은 다섯 분의 유골을 수습해 귀국하였다. 당시 중국은 문화재 도굴이 성행하여 개인이 유골을 수습하려면 먼저 관청에 신고해야 하는 등 절차가 몹시 까다로웠다. 징안쓰공묘에 있던 안중근의 모친 조마리아, 부인 김아려金亞麗 등의 유골도 모셨더라면 좋았지만 어쩔 수 없는 일이었다. 김신은 "그때 함께 일할 사람만 많았으면 좌우익을 막론하고 최대한 많은 분의 유골을 수습했을 텐데, 당시로서는 그 정도가 한계였다"고 회고했다.

국내로 봉환된 최준례의 유해는 서울 성북구 정릉에 안장되었다가 금곡리로 옮겼다. 1999년 4월 12일에야 효창원의 김구 곁으로 이장되었다.

상하이 시기 마지막 청사

김광재

마랑로 임시정부청사

상하이 프랑스 조계 마랑馬浪로 푸칭普慶리 4호의 대한민국임시정부청사는 상하이 시기 마지막 청사였다. 1926년 3월부터 1932년 4월까지 6년이라는 가장 오랜 기간 사용했던 청사였다. 원래의 모습이 남아 있는 유일한 청사이기도 하다. 상하이 시기 대한민국임시정부 13년 역사의 후반부는 마랑로 푸칭리 청사에서 이루어졌다.

'푸칭普慶'이라는 동네 이름은 "온 천하가 함께 경사스럽다(普天同慶)"라는 말에서 온 것이다. 지금도 새해 인사말에 널리 쓰인다. 임시정부로서는 온 천하가 경사스러운 날은 바로 광복의 그날이었을 것이다. 김구 개인으로서는 이 시기 임시정부의 수반인 국무령에 오르는 경사가 있었다.

푸칭리 청사는 김구가 임시정부를 살리기 위해서 미주 동포들로부터 지원받은 자금으로 특공작전을 감행하는 한인애국단을 조직하고, 역사에 길이 남을 이봉창 및 윤봉길 두 의사의 의거를 기획한 곳이다. 마랑로 임시정부청사에서 6년간의 파노라마 같은 역사가 만들어졌다.

임시정부청사 이전의 역사

1919년 4월 11일 수립된 임시정부의 첫 번째 청사는 진선푸로에 있었다. 여기서 4월 11일의 제1회부터 4월 25일의 제3회까지 임시의정원 회의가 열렸다. 그런데 임시의정원 기사록 등의 자료를 봐도 진선푸로 청사의 주소는 거리명만 나와 있지 구체적인 호수는 명시되어 있지 않다. 때문에 오늘날까지 그 위치를 찾지 못하고 있다.

그 후 임시정부청사는 창안리長安里 민단 사무소를 이용하다가 그해 8월 초경 샤페이로 321호 청사로 이전하였다. 프랑스 조계의 첫 번째 번화가인 샤페이로 대로변의 비교적 큰 건물이었다. 건물 벽에 태극기가 펄럭이던 광경은 활기에 찬 임시정부의 분위기를 잘 보여 주고 있다.

그러나 1919년 10월 일제의 압력을 받은 프랑스 조계 당국은 임시정부를 폐쇄하도록 명령하였다. 임시정부는 샤페이로 대로변에서 떨어진 일반 주택에 분산하여 비밀리에 활동할 수밖에 없었다. 게다가 경제적인 어려움으로 인해 자주 청사를 이전하였다. 1932년 윤봉길 의거로 상하이를 떠날 때까지 임시정부는 상하이에서만도 10여 차례나 이사를 하였다. 그 주소들을 나열하는 것만으로도 임시정부의 고난사를 넉넉히 짐작할 수 있다.

침체 일로의 임시정부

1926년 3월 임시정부가 마랑로 푸칭리로 이전하기까지 임시정부는 침체 일로에 있었다. 초기 임시정부는 외교활동이나 독립전쟁을 지도·통할하는 데 주력하거나, 연통제와 교통국을 통하여 국내와 연락하면서 독립전쟁을 준비하였다. 하지만 임시정부는 1920년 말을 고비로 국내와의 연결망이 일제 경찰에 의해 철저하게 파괴되면서 침체되기 시작했다.

그러한 난국을 수습하려는 노력이 국민대표회의 소집이었다. 그러나 회의는 시작부터 두 가지 주장으로 대립하였다. 국민대표회의에서 임시정부 해체론이 대두된 이후 임시정부는 대통령 이승만을 탄핵하는 등 흐트러진 전열을 재정비했다. 그 후 임시정부는 1925년 및 1927년 두 차례의 헌법 개정을 단행했지만 임시정부를 회생시키기는 힘들었다.

1924년 부인과 사별하여 홀로된 김구는 임시정부 수반인 국무령이 되었지만 경제적으로는 곤궁하여 잠은 정부청사에서 자고 밥은 직업

마랑로(현재 마당로) 임시정부청사 입구

마랑로 청사 2층 집무실 모습

이 있는 동포들 집에서 얻어먹으면서 지냈다. 김구는 이 무렵의 자신
을 "거지 중의 상거지"라고 자조하였다.

　마랑로 푸칭리 청사 시절 김구는 재정난을 타개하기 위해 미주, 하
와이, 멕시코, 쿠바 동포들을 상대로 편지를 쓰기 시작하였다. 의외의
결과가 나타났다. 미주의 유지들이 보내온 독립 성금은 김구가 한인애
국단을 조직하여 빈사 상태에 빠진 임시정부를 구해 내는 계기가 되
었다. 그런 의미에서 푸칭리 임시정부청사는 이봉창 및 윤봉길 의거의
산실이었다.

김존위 아들이 국무령에 취임하다

　임시정부가 마랑로 푸칭리로 청사를 옮긴 1926년 12월 김구는
임시정부의 수반인 국무령에 취임했다. 김구 자신도 『백범일지』에서
국무령에 취임한 일을 크게 다루었다. 국무령 취임 내용은 『백범일지』
상·하권에 모두 나온다. 『백범일지』 상권에는 다음과 같이 묘사되었다.

　　그해(1926) 11월, 나는 국무령으로 피선되었다. 나는 의정원 의장 이
　　동녕에게 지금 정부가 추형(雛形)이라고 하더라도, 내가 김존위의 아들
　　로 일국의 원수가 되는 것은 국가의 위신을 추락케 하는 것이니 감당
　　할 수 없다 하였으나 혁명 시기에는 관계없다고 강권하므로 부득이
　　승낙했다.

비록 임시정부의 국무령이지만 '일국의 원수'가 되는 것을 감당할 수 없었다고 하였다. 이 말은 임시정부의 수반으로 추대되기에 이를 때까지도 김구의 잠재의식 속에 '상놈 콤플렉스'가 잔존해 있었음을 보여 준다. 신분 상승을 위한 향학열의 원동력이 되었던 그의 상놈 콤플렉스는 이 시기에 이르러서는 이처럼 겸양의 성품으로 작용하고 있었다. 이동녕이 보기에 그것은 고려할 여지도 없는 것이었다.

흥미롭게도 김구의 국무령 취임에 즈음한 사진이 남아 있다. 카이젤 수염이 낯익은 김구 사진이다. 지금까지 1919년 경무국장 시절 김구 사진으로 알려져 왔다. 그런데 언론인 손충무는 이 사진을 1926년의 사진으로 소개하였다. 1932년 윤봉길 의거 이후 일제가 김구를 체포하기 위해 관헌에게 배포한 사진이었다고 한다. 일제는 김구의 최근 사진을 구하려고 했으나 여의치 않았던 것으로 보인다. 가장 최근의 사진을 구한 것이 이 사진이었던 것으로 보인다.

그동안 우리는 이 사진에서 캡션을 볼 수 없었다. 아마도 자료집에 사진이 수록될 때 하단의 캡션이 삭제되었기 때문일 것이다. 몇 해 전에 필자는 홍소연 전 백범김구기념관 자료실장의 도움으로 백범김구기념관에 소장되어 있는, 캡션이 붙어 있는 원래 사진을 볼 수 있었다. 사진 하단에는 "上海競芳 SHANGHAI KANG FONG 南京路 三百四十七號"가 보이고 왼쪽에는 별 모양 속에 "징팡競芳"이라는 사진관 로고가 그려져 있다. 사진 촬영 장소는 난징로 347호 징팡 사진관이다. 당시 상하이 공공조계 난징로 347호에 소재한 유명 사진관이었다. 김구의 상하이에서의 활동 공간을 알려 주는 귀중한 정보가 아닐 수 없다.

KANG FONG

일제의 마랑로 청사 습격

역설적이지만 윤봉길 의거 직후 김구의 마랑로 임시정부청사 시절은 끝나게 된다. 윤봉길 의거가 일어난 그날 오후, 상하이 일본총영사관 경찰은 프랑스 조계 경찰을 대동하여 샤페이로 바오캉寶康리 54호 대한교민단 단장인 이유필李裕弼의 집을 습격하였다. 그 과정에서 이유필은 체포하지 못하고 마침 그곳을 방문한 안창호가 체포되었다.

4월 29일 밤 8~9시경, 일본 헌병 사복대 등은 한인이 주로 거주하는 지역을 둘러싸고 한인의 출입을 감시하였다. 4월 30일 새벽 2시경 일본과 프랑스 경찰은 마랑로 푸칭리 4호 임시정부와 교민단 사무실을 습격하였다. 계속하여 일경은 마랑로의 김철金澈 집, 최석순 집, 새벽 4시경에 베이러로 신톈샹리 안공근 집, 6시경에는 윤기섭 집을 습격하였다.

일제는 프랑스 조계 임시정부와 교민단에 대한 수색 과정에서 대량의 임시정부 기록물을 압수하였다. 뿐만 아니라 이동녕·이유필·김붕준金朋濬·윤기섭 등 임시정부 요인들이 소장한 문서도 탈취하였다. 이들 압수 임시정부 기록물의 주요 내용은 상하이 일본총영사관 경찰부에 의해『조선민족운동연감』으로 간행되었다.

『조선민족운동연감』은 1919년 초부터 1932년 말까지 14년 동안 임시정부를 중심으로 하는 한국독립운동의 주요 사건이나 활동을 날짜순으로 정리한 자료집이다. 1919년 임시정부의 수립 전후부터, 임시정부가 상하이에서 항저우로 이동한 1932년까지를 내용으로 하고 있어, 임시정부의 상하이 시기 활동을 이해하는 데 중요한 내용들을 담고 있다. 비록 자료 전체가 인용되어 있지 않고 그 원본 자료를 확인할 수 없음에도 불구하고 그것은 원자료에 버금가는 사료적 가치를 지니고 있다. 지금까지는 일제에 의해 간행된 것이라는 이유 때문에 그 사료적 가치에 대해서는 온당한 평가를 받지 못했다.

임시정부청사의 복원과 개방

1978년 11월 중국의 개혁개방 이후부터 적지 않은 한국인들이 상하이 마랑로 임시정부 구지를 찾기 시작했다. 한중 양국이 다년간 노력한 끝에 1988년 현재 마당馬當로 306농 푸칭리 4호를 확인하기에 이르렀다. 이때부터 한적하던 마당로 푸칭리 일대에는 독립운동의 성지를 순례하는 한국인들의 발길이 잦아지게 되었다.

1988년 서울올림픽 이후 한국 방문객이 늘어남에 따라 중국정부는 1990년 1월 임시정부 구지를 '섭외참관점涉外參觀点'으로 비준하였다. 그리고 상하이시 루완盧灣구(현재의 황푸구)는 임시정부 구지를 '상하이시 루완구 문물보호단위'로 지정하였다.

한국 측에서는 1989년부터 독립기념관이 주관하여 임시정부청사 복원과 관련한 현지 조사와 협의를 진행하였다. 1992년 국교 수립 이후 한중 양국 정부는 협의를 거쳐 임시정부 구지를 복원하게 되었다. 당시 임시정부 수립기념일이었던 1993년 4월 13일 임시정부 구지는 복원을 마치고 정식으로 개관하였다. 지금도 매년 약 25만 명의 한국인들이 이곳을 찾고 있다.

신톈샹리

한인애국단원 선서하다

김광재

상하이 프랑스 조계 베이러貝勒로(현재의 황피난黃陂南로 863호)에
는 '하늘의 상서로운 기운天祥'이 깃드는 마을, 즉 '신톈샹新天祥
리'라는 동네가 있었다. 상하이시에서 나온 『상하이시루완구지
명지上海市盧灣區地名誌』에 의하면, 신톈샹리는 1927년 톈샹화원天祥
花園이 있던 자리에 만들어진 동네이다. 톈샹리天祥里는 신톈샹리
보다 15년 앞선 1912년에 건축되었다. 신톈샹리는 톈샹리와 마
찬가지로 원래 있었던 톈샹화원의 이름을 딴 동네였다. 신톈샹
리는 현재의 황피난로 톈샹리 밑에 있는 농당으로 오래전에 동
네 이름을 헝칭恒慶리로 바꾸었다.

톈샹리라는 동네 이름이 너무 좋아서인지는 몰라도 오늘날 중

국 곳곳에 똑같은 이름이 보인다. 신텐샹리 20호에는 김구와 형님 동생 하는 안공근安恭根의 집이 있었다. 안중근安重根의 친동생인 안공근은 이곳에서 모친 조마리아, 형수 김아려 여사를 모시고 살았다.

당시 마랑로 푸칭리 4호 임시정부에 기거하던 김구는 안공근의 집에 자주 드나들었다. 신텐샹리는 임시정부청사에서 걸어서 10분 정도의 거리에 있는데 프랑스 조계에서 가장 남쪽에 있는 한적한 곳으로 비밀스러운 활동을 하기에 안성맞춤이었다. 이곳에서 김구는 윤봉길·최흥식崔興植·유상근柳相根 등 젊은 한인애국단 단원들의 출정에 즈음하여 선서식과 더불어 기념사진을 촬영하였다. 김구와 한인애국단원이 편지를 보내거나 수령하는 수발신처로 활용되기도 했다.

유상근·최흥식과 신텐샹리

1931년 임시정부는 난국을 타개하기 위해 한인애국단을 조직하여 일제에 대한 특공작전을 감행하였다. 임시정부는 일제의 만보산(완바오산, 萬寶山)사건과 9·18사변으로 인한 한중 양민족의 악감정을 해소하지 않으면 안 되었다. 그 결과 만들어진 특무대에 김구를 책임자로 임명하고 모든 권한을 위임하기로 의결하였다. 이 특무대가 바로 한인애국단이었다.

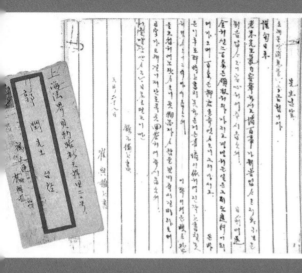

한인애국단원 최흥식이 김구에게 보낸 편지(왼쪽), 태극기 앞에 선 최흥식(오른쪽)

한인 애국단 단장 김구와 단원들.
왼쪽부터 최흥식, 김구, 유상근, 신원 미상(1932)

김구는 먼저 도쿄 의거를 위해 1931년 12월 17일 이봉창을 일본으로 파견하였다. 그리고 이와는 별도로 최흥식, 유상근 두 의사를 다롄 大連으로 파견하여 일본 관동군사령관 등 일제의 고위 관료를 처단하는 의거를 추진하였다.

최흥식과 유상근은 1932년 2월 24일 신톈샹리 안공근 집에서 입단 선서문을 쓰고 사진을 촬영하였다. 김구와 함께 찍은 사진, 최흥식의 독사진, 또 하나는 입단선서문을 가슴에 달고 한 손에 권총을, 또 한 손에는 놋쇠로 만든 타원형 폭탄을 들고 찍은 사진 등 모두 세 장의 사진을 촬영하였다. 최흥식은 이날 이외에 3월 24일, 또는 25일에 다시 사진을 찍었다. 이봉창이나 윤봉길과는 달리 중국 복장을 하고 사진을 촬영하였다.

4월 27일 유상근은 윤봉길이 훙커우공원 의거에 사용한 것과 같은 물통형 폭탄을 김구로부터 받아서 다롄으로 출발하였다. 최흥식은 그에 앞서 다롄으로 갔다. 유상근 등 한인애국단원들은 다롄에서 관동군사령관 등을 처단하는 의거를 준비하는 과정에서 일본 군경에 체포되었다. 최흥식이 김구에게 발송한 전보가 그 단초였다. 최흥식은 5월 1일 다롄전신국에서 "부족한 70원을 발송하라"는 내용의 전보를 김구에게 보냈다. 주소지는 상하이 프랑스 조계 베이러로 신톈샹리 20호였다. 수취인은 김구의 암호명인 곽윤郭潤이었다.

그러나 김구와 안공근은 윤봉길 의거 직후 피신하고 있었기 때문에 전보를 수취하지 못하였다. 5월 19일 상하이 일본전신국에 '배달불능 전보'로 통보되었다. 이 전보의 수취인 주소를 확인한 상하이 일본총영사관에서는 5월 19일 자로 다롄 관동청에 발신인의 체포를 요청하였다. 최흥식과 유상근은 의거를 결행하기 직전에 체포되었다.

이봉창, 신톈샹리에서 선서하다

이봉창도 신톈샹리에서 김구를 만나 거사를 협의하는 등 여러 번 이곳을 출입하였다. 선서식은 신톈샹리에서 이루어졌지만 사진 촬영은 신톈샹리가 아닌 다른 곳에서 이루어졌다. 1931년 12월 13일 밤 샤페이로 309호에 있는 '백제맨션La Maison Paije'이라는 사진관이다. 일제의 조사에 의하면, 이 사진관은 '독립운동의 열성자'였던 배병헌이 운영하던 곳이었다. 그는 1931년 여름 사진관을 박용철에게 넘기고 귀국하였다. 그런데 박용철은 사진관을 폐쇄하고 사진 재료만 판매하였다. 사진기와 기타 재료는 갖추고 있었으나 스튜디오 영업은 하지 않았다. 일제는 이때 촬영된 이봉창의 사진이 썩 좋지 않은 점으로 미루어 아마도 초심자가 찍은 것이 아닌가 추측하였다.

일반인의 눈으로 보아도 조명의 그늘이 지는 등 사진의 촬영 상태가 좋지 않다. 목에 선서문을 걸고 태극기 앞에서 양손에 폭탄을 들고 있는 이봉창은 갑자기 터진 플래시 탓인지 어딘가 모르게 어색한 표정이다. 또 뒷짐을 지고 서 있는 다른 사진에서는 앞의 사진과 배경과 구도가 같지만 표정은 그렇게 밝지 못하다. 그럼에도 불구하고 이 사진은 의거 직후 상하이 현지 신문과 그해 12월 상하이에서 출간된 중

(상단 왼쪽부터 시계 방향으로)
태극기 앞의 이봉창
태극기 앞에서 폭탄을 들고 있는 이봉창
『도왜실기』에 실린 이봉창
코트를 입고 있는 이봉창(시기 미상)

국어판『도왜실기』에 실렸다. 사진 속 이봉창의 표정이 어색하기는 했지만 어떤 측면에서는 인간적이고 자연스러운 모습이었다.

김구는 아마도 백제맨션에서 찍은 사진을 흡족하게 생각하지 않은 듯하다. 그래서 그다음부터는 더 이상 이곳에서 촬영하지 않고 안공근 집에서 촬영하게 된 것으로 보인다. 김구는 의거의 효과를 극대화하기 위해 가급적 좋은 사진을 찍으려고 애썼다. 윤봉길의 경우처럼 사진 촬영 때 날씨가 좋지 않으면 촬영을 강행하지 않고 다음 날로 미루기도 하였다.

광복 후에 나온『도왜실기』에는 양손에 폭탄을 들고 있는 원래의 이봉창 사진이 다소 변형되어 실렸다.『도왜실기』에 실린 이 사진이 오늘날 태극기 앞에서 선서문을 목에 걸고 양손에 수류탄을 든 채 환하게 웃고 있는 이미지를 만들었다. 정확하게 말한다면 밝은 표정의 이봉창 얼굴 사진에 선서문과 신체 부분을 그려 넣은 것이다. 어색한 표정의 이봉창 사진이 윤봉길 사진에 비해서는 의연함과 비장함이 떨어진다고 판단해 손을 댄 것이 아닌가 한다. 변형된 사진에는 다음과 같은 설명이 붙어 있다.

> 김구 선생 이하 한인애국단 단원이 참집한 가운데 선서하는 광경이니 가슴에는 조국의 광복과 자유를 위하여 싸우겠다는 선서문을 붓치고 두 손에는 폭탄을 들어 비장 또 엄숙한 장면을 이루고 있다. 그러컨만 만면춘풍滿面春風의 이李 의사를 보라.

宣誓文

宣誓文

나는 赤誠으로써 祖國의 獨立과 自由
를 回復하기 爲하야 韓人愛國團의
一員이 되야 中國을 侵略하는 敵의 將
校를 屠戮하기로 盟誓하나이다

大韓民國十四年四月二十六日
宣誓人尹奉吉

韓人愛國團앞

윤봉길 선서문(1932. 4. 26.)

폭탄과 권총을 들고 있는 윤봉길(1932. 4. 27.)

김구와 윤봉길(1932. 4. 27.)

윤봉길과 신톈샹리

1931년 상하이에 온 윤봉길은 한때 흥사단 사람들이 모여 살던 샤페이로 1014호 태평촌에 거주하였다. 그곳에서 안창호가 주재하는 월례회에도 참석하는 등 흥사단 활동에 대해 관심을 보였다. 그러나 안창호는 김구가 윤봉길의 인물됨을 알아보고 장차 중요한 일에 쓸 계획임을 눈치채고 윤봉길에게 흥사단 입단을 권유하지 않았다고 한다.

그 후 홍커우공원 천장절 식장에서 일본 군정 요인들을 응징한다는 김구와 윤봉길 두 사람의 계획은 빠르게 진행되었다. 4월 26일 오전 9시경, 윤봉길은 김구와 함께 신톈샹리 20호 안공근의 집으로 가서 한인애국단 선서식을 거행하였다. 선서식 후 촬영을 진행하려고 했지만 마침 날씨가 좋지 않아 다음 날로 연기하였다. 윤봉길의 목에 걸린 선서문의 날짜가 4월 26일로 되어 있지만 사진 촬영 날짜는 4월 27일이었다.

4월 27일 오전 9시경, 윤봉길은 신톈샹리 안공근 집으로 갔다. 먼저 태극기를 배경으로 단독 사진을 찍었다. 이어서 김구가 소형 트렁크에서 꺼낸 폭탄을 왼손에, 권총을 오른손에 들고, 선서문을 가슴에 달고 태극기를 배경으로 사진을 찍었다. 마지막으로 윤봉길은 서고 김구는 그 앞쪽에 앉은 자세로 함께 촬영하였다.

곽낙원 일행과 신톈샹리

1922년 김구는 모처럼 융칭팡에서 가족이 모두 모여 짧지만 단란한 한때를 보냈다. 그런데 1924년 1월 최준례가 병사하자 실의한 곽낙원은 다시 황해도 안악으로 돌아갔다. 1932년 윤봉길 의거 이후 김구에게는 걱정거리가 하나 생겼다. 일제가 자신을 체포하기 위해 국내에 있는 가족들을 볼모로 하지 않을까 하는 우려였다. 그래서 김구는 노모와 아이들을 다시 중국으로 불러들였다.

1934년 3월 곽낙원은 지인들의 도움으로 손자들을 데리고 안둥현으로 넘어가 펑톈奉天으로 갔다. 3월 21일 다롄에 도착한 다음 웨이하이웨이威海衛를 거쳐 3월 22일 상하이 황푸탄부두에 도착했다. 김구의 아들 김신의 회고에 의하면, 곽낙원 일행은 상하이에 도착한 후 프랑스 조계 신톈샹리 안공근의 집에서 하룻밤을 묵은 뒤 자싱으로 갔다.

일제는 곽낙원 일행의 중국행에 대한 감시를 게을리하지 않았다. 곽낙원 일행이 상하이에 도착하는 때에 맞추어 각 부두의 배편이나 일행이 갈 만한 장소에 대한 조사를 진행했다. 신톈샹리에 대해서도 조사가 이루어졌음은 물론이다. 하지만 일제는 곽낙원 일행이 신톈샹리 20호에는 오지 않았다고 보고하는 등 허술한 모습을 보이기도 했다.

여하튼 곽낙원 일행은 상하이에 도착하여 신톈샹리 20호 안공근 집에서 하룻밤을 묵었다. 다음 날 그들은 기차를 타고 자싱으로 갔다. 그곳에서 가족 상봉이 이루어졌다. 9년 만의 해후였다.

장완비행장

김광재

13년 만에 상하이로 돌아오다

멀리 하늘에서 비행기가 천천히 내려오고 있다. 이윽고 착륙한 비행기에서 여러 사람들이 내리고 있다. 김구를 비롯한 임시정부 요인들이다. 중국 국민당정부에서 내준 비행기 2대에는 임시정부 요인들 외에도 정부 기록물 13상자도 함께 실려 있었다. 1945년 11월 5일 이날 임시정부 요인들은 오전 9시 30분 충칭의 양쯔강비행장을 이륙하여 오후 늦게서야 상하이에 착륙하였다. 상하이 북쪽의 장완비행장江灣機場이었다.

김구 일행의 상하이 도착 모습

이날 장완비행장에 내린 김구는, "13년 전에 떠났던 상하이의 공기를 다시 호흡하게 되었다"고 하였다. 비행장에는 1000여 명의 환영 인파가 태극기를 흔들면서 김구 일행을 기다리고 있었다. 1932년 4월 윤봉길 의거 직후 상하이를 탈출한 이래 13년 만에 돌아온 상하이였다. 김구는 감격스러운 표정이기도 했지만 오랜 비행으로 피곤한 모습이었다. 지팡이를 짚은 김구는 며느리 안미생安美生과 지인의 부축을 받으면서 이동하고 있다. 뒤따라오는 이시영과 조소앙 역시 지인들의 도움을 받으며 걸어가고 있다.

이 희귀한 3분 49초짜리 동영상은 독립기념관 한국독립운동정보시스템에서 '해외 독립운동가들 귀국' 혹은 '김구 선생 상하이 도착'(http://search.i815.or.kr/subContent.do)으로 검색하면 볼 수 있다. 임시정부 요인에 대한 환영 외에도 교민회 회의나 행사 장면들이 들어 있는 것으로 보아 상하이 한국교민회 측이 촬영한 것으로 보인다. 이 영상에는 1945년 11월 5일 상하이에 도착한 김구 일행의 모습을 비롯하여 당시 상하이 한인들의 모습이 보인다.

지금은 상하이에 가더라도 장완비행장을 볼 수 없다. 상하이 전철 10호선의 종점 신장완청新江灣城역, 싼먼루三門路역 부근이 왕년의 장완비행장 자리이다. 1939년 개항 당시 장완비행장은 동아시아 최대의 비행장으로 알려졌다. 비행장 자리는 지금은 상하이시에 편입되었지만 당시는 장쑤江蘇성 장완江灣진이라는 곳이었다. 지금도 상하이 시내

장완비행장에 도착한 김구

장완비행장에서 승용차에 타고 홍커우공원으로 출발하는 김구

중심 런민人民광장에서 택시로 달려도 30~40분 걸리는 거리이다.

장완비행장을 건설한 것은 중일전쟁 이후 상하이를 점령한 일본군이었다. 이곳은 일제 패망 때까지 일본의 군용비행장으로 쓰였다. 이후 비행장의 주인은 여러 번 바뀌어 역사의 부침을 보여 준다. 일제 패전 후에는 중국국민당 군대가 접수하였으며 1949년에는 중국공산당으로 주인이 바뀌었다. 1994년에 운항이 중지된 후 한때 황폐한 채로 내버려져 있다가 지금은 신장완청新江灣城이라는 대규모 주거 단지가 조성되었다.

교민신문에 보이는 김구

중국 및 상하이 교민신문 기자들이 비행기에서 내린 김구를 에워쌌다. 즉석에서 기자회견이 열렸다. 교민신문 『대한일보』의 「김구 선생과 기자단 회견기」 기사는 김구의 감회를 이렇게 전했다.

> 나는 13년 전에 상하이를 떠날 때 홀로 난시(南市, 프랑스 조계 남쪽 중국인 지역) 길가에서 미국인 피치 부부 두 사람의 도움을 받아 새벽에 출발했다. 그러나 오늘은 이렇게 여러 동포를 대할 때 내 가슴은 구름과 같이 뭉게뭉게 한다. (『대한일보』 1945. 11. 6.)

"새벽에 출발했다"는 것만 빼면 윤봉길 의거 후 김구를 숨겨 주었던 피치G.A.Fitch의 회고와 거의 같다. "구름과 같이 뭉게뭉게"라는 표현이 흥미롭다. 아마도 감격적인 심정을 그렇게 표현한 것이 아닐까 싶다. 이어서 김구는 충칭에서 장제스 총통 등 중국정부로부터 이례적이라 할 성대한 송별회를 몇 차례 받았음을 밝혔다. 비행장에는 중국정부 관료들이 대거 출영해 임시정부 요인들에 대한 예우를 갖췄다. 상하이 시장 첸다쥔錢大鈞 이하 당국 요인들, 중국 및 외국 신문기자들도 출영 하였다.

『대한일보』기자는 「임시정부 요인 인상기」에서 '김구 주석의 그 자 부성慈父性'이라는 부제로 김구에 대해 다음과 같이 썼다.

> 우리가 늘 갈망하던 김구 선생이 그 웅자를 나타내시었다. 우리들 예
> 상은 과거 30여 년간이나 해외에서 망명생활을 하셨고, 다시 독립운
> 동에 그 전부를 바치다시피 하였으니 만큼 그의 기질과 성격이(인상

장완비행장에 도착해 교민들의 환영을 받는 김구

으로 봐서) 날카롭고 한 번 호령을 하면 태산이 무너지고, 호랑이가 도망칠 것으로 그렇게 무시무시하게 생각하였으나 모름지기 첫인상은 몹시 온화하다기보다는 너그러운 자부慈父와 같이 친밀성을 갖게 했다. 말씀은 은은하시고, 부드러운 듯하면서도 한쪽 구석에서는 좀처럼 무한한 위엄성을 지니고 계셔서 감히 그 앞에서는 모두가 없어질 듯했다. 몸은 뚱뚱한 편이고 키는 보통, 얼굴은 약간 검은 편으로 그 골격이 커 보이시니 정말 혁명가적 타입을 가지셨다. (『대한일보』 1945. 11. 6.)

이로부터 18일 뒤인 11월 23일 김구는 환국을 위해 다시 장완비행장에 모습을 드러냈다. 이번에는 도착할 때만큼의 환영은 찾아볼 수 없었다. 임시정부 요인들의 도착에 대해 그처럼 많은 지면을 할애했던 교민신문 『대한일보』도 김구의 귀국 소식을 보일 듯 말 듯 작게 보도하였다.

이날 비행장에 온 중국의 유력지 『신보』 기자는 환국하는 김구에 대해 언제 다시 상하이에 올 계획인지 물었다. 김구는 "머지 않아 다시 상하이를 찾아올 것이다. 그러나 시기는 확실치 않다"고만 하였다.

확실히 김구는 가까운 장래에 다시 상하이를 찾을 생각을 하고 있었을 것이다. 국내 정국의 주도권을 장악하기 위해서는 중국국민당 정부의 후원이 절실했고 그러기 위해서는 장제스를 다시 만날 필요가 있었다. 게다가 부인 최준례의 묘소가 있었고 더 멀리 충칭에는 어머니 곽낙원과 장남 김인의 묘소가 있어 유해를 국내로 봉환해야만 하는 형편이었다. 하지만 소용돌이치는 해방 정국은 그에게 상하이행을 허락하지 않았다.

그 후 상하이 장완비행장에 나타난 이는 오히려 이승만이었다. 그는 1945년 12월 미국으로 건너가 워싱턴에서 외교전을 펼쳤다. 그런데 귀국길은 순탄하지 않았다. 미 국무부의 훼방으로 곧바로 한국으로 귀국하지 못하고 일본과 중국을 우회해야 했다. 난징에서 장제스를 만난 이승만은 1946년 4월 21일 상하이 장완비행장에서 한국으로 돌아갈 수 있었다.

홍커우공원 환영식

『대한일보』는 상하이에서의 김구의 동정을 복원하는 데 대단히 중요한 내용들을 담고 있다. 『대한일보』는 1945년 9월 6일 중국 상하이에서 타블로이드판 2쪽짜리 국한문 혼용 교민신문으로 창간되었다. 『대한일보』의 발행인 가운데 한 사람인 박거영은 1930년대부터 당시 국내에서 발간되던 잡지 『삼천리』의 상하이 특파원으로 활동하면서 상하이 관련 기사를 자주 『삼천리』에 기고하던 인물이었다.

『대한일보』는 첫날부터 김구의 동정에 대해 지면을 아끼지 않았다. 1945년 11월 5일 상하이 도착 후부터 11월 23일 상하이를 떠나 고국에 돌아갈 때까지 약 18일 동안의 임시정부 요인들의 일정과 상하이에서의 김구의 행적에 대해 자세하게 알려 주고 있어서 귀국길에 들른 상하이에서의 18일간의 김구의 행적을 밝히는 데 대단히 긴요하다.

먼저 『대한일보』는 교민들에게 임시정부 김구 일행의 상하이 도착 소식을 알리고 홍커우공원에 모일 것을 호소하였다.

> 5천 교포가 일일천추一日千秋의 느낌으로 기대하든 김구 주석 일행은 금일 상하이에 도착하신다. 교포 제위께서는 하오 1시까지 북사천로 北四川路 홍구공원 정문 앞에 태극기를 가지고 집합하야 김구 주석 일행을 환영키 바란다고 한다. 단 이것은 교민회 선전과 발표인바 홍구공원(신공원) 오후 1시라 했으나 다소 시간 변경이 있슬넌지도 모른다고 한다. (『대한일보』 1945. 11. 5.)

이에 따라 상하이 교민 수천 명은 홍커우공원에 모여들었다. 임시정부 요인 일행이 장완비행장에서 홍커우공원에 도착한 것은 오후 4시 30분이었다. 예정보다 몇 시간이 지났지만 교민들의 환영 열기는 뜨거웠다. 『대한일보』는 그날 상황을 이렇게 전했다.

> 대한민국임시정부 주석 김구 선생은 우리의 갈망에 11월 5일 오후 4시 반 역사적 오천 교민의 환영하에 상하이를 떠나신 지 13년 만에 다시 안타까웠던 이 땅에 발을 딛게 되었다. … 오늘날 정의의 승리자가 돼 깃발을 날리고 오시게 되니 우리는 어찌 이날을 기쁘게 감격의 눈물로 맞이하지 않겠는가. 이런 것은 모름지기 우리 오천 교민뿐만 아니라 전 민족이 그러함을 증언을 필요치 않는다. 이날 정말 이 민족

혼을 맞이하기 위해 홍구공원 강만비행장에는 무려 천여 명이 정말 가슴을 탁 헤쳐 놓고 환희에 넘쳐 두 손으로 맞이하였으니 다시 그 감격에 넘친 눈물을 흘리지 않은 사람은 그 가운데 한 사람도 없었을 것이다. (『대한일보』 1945. 11. 6.)

홍커우공원 환영식장은, 교민들이 김구를 조금이라도 더 가까이 보려고 서로 밀치고 당기는 등 하여 혼잡했다. 교민들은 광복군 악대의 반주에 맞추어 '애국가'를 몇 번이나 불렀다. 오랜만에 불러 보는 애국가를 감격에 겨워 부르고 또 불렀을 것이다. 『대한일보』는 홍커우공원에서의 환영식을 이렇게 묘사하였다.

해가 석양에 지고 황혼이 그 어둠을 거듭하였으나 홍구공원에는 물밀 듯이 기어코 김구 선생의 얼굴이라도 뵈옵고 가겠다는 다수의 동포 앞에 광복군 악대에 맞추어 애국가를 몇 번이고 부른 다음 김구 선생은 높은 축대에 올라서서 다음과 같은 요지의 말씀을 들려주었다. "우리는 이제 건전한 독립국가의 민족이 되자면 먼저 우리의 씩씩한 참됨을 살려야 하겠다. 다 같이 우리는 그것을 인식하여야 될 것이다. 더욱 금후 우리 임시정부는 국가에 들어가 새 나라를 세우고 새 민족을 갖도록 주력할 것이다"라고 절규하시었다. (『대한일보』 1945. 11. 6.)

장완비행장에 내린 임시정부 요인들은 차량으로 홍커우공원으로 옮겨 상하이 교민들이 준비한 환영식에 참석하였다. 교민회에서는 윤봉길 의사가 폭탄을 던진 그 자리에 임시정부 요인들이 올라가서 연설을 할 수 있는 축대를 만들었다.

공원에 도착한 김구 등 임시정부 요인들은 축대 근처에 모여들었다. 임시정부 주석 김구는 축대에 올라가 일장 연설을 하였다. 『대한일보』는 그 광경을 이렇게 전했다.

> 옛날 홍구공원에선 백천 대장이 죽고 오늘의 홍구공원에서는 월계관을 쓰신 분이 있다. 언제나 정의는 그 역사를 창조함에 필연성을 가지고 있지만 이렇게도 기적적인 역사는 또다시 없을 것이다. 우리는 옛날에 홍구공원에서 우리의 선열 의사에게 백천 대장이 죽는 것을 보았고, 오늘은 바로 이 자리에서 우리의 애국지사가 월계관을 쓰신 것을 보고야 말았다. 이런 것은 한 개의 우연이 아니라 기필코 있어야만 할 오늘의 천칙天則임을 깨닫게 되었다. (『대한일보』 1945. 11. 6.)

홍커우공원 잔디밭(채색화)

『대한일보』는 일본 시라카와白川 대장이 죽고 김구가 월계관을 쓴 것을 '천칙'이라고 하였다. 지금 생각해도 이것은 '기적적인 역사'라고 할 만하다.

이날 홍커우공원 환영식에 참가했던 중국 국민당정부 관리였던 사오위린邵毓麟은 다음과 같이 회고하였다. 후에 초대 주한 중화민국 대사를 지냈던 인물이다.

> 이날 오후 김구 주석과 임시정부 인사들은 일본 조계였던 홍커우공원으로 가서 상하이 한국인들이 마련한 군중 환영대회에 참석했는데, 나도 함께 따라갔다. 공원에는 한국과 중국 양국의 국기가 가득 걸려 있었고 김구 주석이 단상에 올라가 한 마디 한 마디 힘 있는 연설을 할 적마다 한국인 군중은 우레와 같은 환호를 보냈다. 10여 년 전 김구 주석이 주도한 홍커우공원 사건으로 일본군 대장이 숨진 것을 돌이켜볼 때, 오늘날 살아 있는 일본군과 일본 교포들이 섬돌 앞에 꿇어 엎드린 죄수인 듯한 느낌이 들었다.

환영식을 마친 김구 일행은 홍커우공원 앞 베이쓰촨北四川로(현재의 쓰촨베이로)를 달려 시내로 이동하였다. 앞에서 언급한 동영상을 보면, 김구를 비롯한 임시정부 요인들은 승용차를 나눠 타고 시내로 이동하고 있다. 이들이 지나가는 길옆에는 '한국부녀공제회'라는 간판도 보인다. 귀국을 위해 상하이에 모인 한인 여성 위안부, 유흥업 종사 여성들을 수용한 곳이다. 그곳에 있던 여성들도 거리에 나와 임시정부 요인들을 환영하였다.

　시내 중심가 난징로를 거쳐 한커우漢口로 740호의 양쯔판뎬揚子飯店
에 도착했다. 그동안 내부 수리를 끝낸 양쯔판뎬은 김구 일행을 맞이
하였다. 이렇게 해서 긴 하루가 끝났다. 상하이 중심에 자리 잡은 호텔
에서 13년 만에 다시 돌아와 맞는 상하이에서의 첫 밤, 김구는 쉬이 잠
들지 못했을 것이다.

다광밍극장과 양쯔판뎬

환국 직전 분주했던 날들

김광재

1945년 11월 5일 상하이로 돌아와 홍커우공원에서 환영식을 끝낸 김구와 임시정부 요인들은 상하이 시내 중심가로 이동하였다. 김구는 상하이시에서 미리 배정하여 정비를 끝낸 양쯔판뎬에 며느리 안미생 등 측근과 함께 투숙하였다. 양쯔판뎬은 상하이시에서 특별히 배정한 곳인 만큼 일류 호텔이었다.

다른 임시정부 요인들의 숙소로는 상하이판뎬上海飯店이 배정되었다고 김구의 비서 선우진은 회고하였다. 그런데 상하이판뎬이라는 호텔은 찾아지지 않는다. 초대 주한 중화민국 대사를 지낸 사오위린에 의하면, 임시정부 인사들은 위안둥판뎬遠東飯店에 투숙하였다. 이것이 선우진이 기억하는 상하이판뎬이 아닐까 싶다. 이곳은 양쯔판뎬에서 도보로 10분 정도 걸리는 가까운 거리에 있었다.

김구와 임시정부 요인들은 11월 23일 환국하기 전까지 개천절 기념식에 참석하였으며 여러 단체의 초대와 환영식에 참석하는 등 분주한 시간을 보냈다.

오늘도 의연한 양쯔판뎬

김구와 임시정부 요인들이 투숙한 양쯔판뎬과 위안둥판뎬은 상하이 중심가 런민광장 부근에 오늘도 의연히 자리를 지키고 있다. 특히 김구가 투숙한 양쯔판뎬은 1934년에 개업해 지금은 외관이 많이 낡았지만 당대의 유명 인사들이 즐겨 이용했던 일류 호텔이었다.

필자도 2018년 11월 15일, 당시 김구 등 임시정부 요인 일행의 감회를 느껴 보기 위해 양쯔판뎬에 묵었다. 지금은 '양쯔징핀판뎬揚子精品飯店'이라는 이름이다. 겉으로 보기에는 다소 허름해 보인다. 예전에 필자는 이 호텔 앞을 자주 지나다녔지만 고급 호텔이라는 인상을 받지는 못했다. 막상 호텔 안에 들어가니 꽤나 화려하고 객실도 고급스러웠다. 어쩐지 1930~1940년대의 분위기가 짙게 느껴지는 것 같았다.

양쯔판뎬 옆에는 무얼탕(慕爾堂, 현재의 무언탕沐恩堂)이라는 교회당이 있다. 무얼탕은 1920년대 상하이 한인들의 행사가 종종 열렸던 곳이다. 그런데 무얼탕의 원래 위치가 양쯔판뎬 자리였다는 것을 아는 사람은 많지 않을 것 같다. 무얼탕이 늘어나는 신도 수를 고려하여 교회당 자리를 건설업자에게 매각하는 바람에 현재의 무얼탕 위치로 이전하게 되었다. 1920년대 무얼탕에 여러 번 가 보았을 김구가 이것을 알고 있었는지는 확인되지 않는다.

13년 만에 돌아온 김구와 임시정부 요인들의 하룻밤은 지나갔다. 이튿날부터 김구는 대단히 바쁜 일정을 소화해야 했다.

양쯔판뎬

양쯔판뎬 객실
(김구가 묵었던 객실도 대략
이런 모양이었을 것이다.)

개천절 기념식에 참석하다

상하이 도착 이틀 뒤인 11월 7일은 개천절(건국기원절)이었다. 광복 후 상하이에서 맞는 개천절은 김구에게 여러모로 남다른 감회를 주었다. 이날 오전 10시 김구는 징안쓰로(현재의 난징시로) 다광밍大光明 극장에서 개최된 개천절 행사에 참석하였다.

행사장인 다광밍극장은 양쯔판뎬에서 걸어서 10분 정도의 가까운 거리에 있었다. 1927년 개장하여 '원동 제1의 극장'이라는 평판만큼이나 아시아 최대의 스크린과 좌석 수를 자랑하였다. 지금도 매일 영화를 상영하고 있다. 필자도 몇 년 전에 여기서 영화를 본 적이 있는데, 좌석 수나 스크린의 크기가 인상 깊었다.

다광밍극장은 교통 좋은 런민광장 근처에 있고 시설 또한 대규모 인원을 수용할 수 있었기 때문에 광복 이후 상하이 한인들의 여러 행사가 이곳에서 열렸다. 같은 해 11월 17일 순국선열의 날 기념식, 1946년 3·1절 경축식 등이 이곳에서 개최되었다.

과장이 없지 않겠지만 1945년 11월 7일 이곳에는 무려 3000여 명에 달하는 교민들이 운집하였다고 한다. 개천절 기념식이 시작되자 파란색 치마를 입은 수십 명의 찬양대가 "동해물과 백두산이 마르고 닳도록"으로 시작하는 애국가를 불렀다. 행사장에는 적지 않은 여성들이 한복을 곱게 차려 입고 와서 이채를 띠었다.

기념식이 시작되자 30여 명의 임시정부 요인들이 모습을 드러냈다. 계속하여 김구 주석·김규식 부주석·내무부장·재무부장 등이 차례로 "금후 국가 건설은 새로운 민족의식으로 독립을 촉진한다"라는 뜻을 절규하였다. 다행히도 이날 김구의 연설문 전문이 『대한일보』1945년 11월 14일 자 등 3회에 걸쳐 연재되었다. 그동안 잘 알려지지 않았던 연설문의 일부를 소개한다.

여러분, 부모, 형제, 자매에게

우리는 오늘에 4278년의 건국기념절을 맞게 되였읍니다. 이것은 조국의 해방된 후에 우리가 맞는 첫 경절慶節입니다. 이 경절을 우리가 귀국하는 도중에 우리 임시정부의 탄생지인 상하이에서 맞게 될 때에 우리 임시정부 동인은 비상히 유쾌함을 느끼며 또 비상히 흥분됩니다. 우리와 성조 한배검은 4277년 전 이날에 우리의 조국을 세우셨읍니다. … 그때의 한국사람은 반도 안에 답답히 갖처 있지 않았읍니다. 우리의 뛰놀던 땅은 자못 넓어스며 우리가 호흡하는 공기는 신선하였읍니다. 그러나 한때의 우리 한배검의 자손은 자못 불초하였읍니다. 그리하여 조상에게 불효하였으며 민족에게 죄를 지었읍니다. 그 결과 우리의 발자취는 반도 밖을 나가지 못할 뿐만 아니라 필경 우리 대에 와서는 이 조그마한 반도나마 왜구에게 잃고 말었읍니다. … 우리는 남을 원망하기에만 열중하지 말고 제 자신의 진보를 구하여야 하는 것입니다. 여러분 우리는 먼저 안으로 우리 민족자체의 통일을 구하고 밖으로 동맹국에 대하여 친선을 도모하여야 합니다. 우리는 이와 같은 방법으로써 자유행복의 통일된 신민주국가를 건설할 수 있는 것입니다. 오늘의 건국기원절을 맞을 때에 나는 4277년 전에 우리 한

다광밍극장의 옛 모습

다광밍극장의 현재 모습

배검이 우리를 위하여 세워 주신 것과 같은 그 아름답고 위대한 독립 자유 행복의 신민주국가를 우리의 손으로 건설하기 위하여 여러분 앞에 나의 소감을 대강 고하는 것입니다. 조국독립의 완성과 여러분 동포의 건전한 분투를 빌고 이만 그칩니다.

11월 7일 이날을 상하이 교민신문은 '개천절'이라고 표기했다. 그에 비해 김구가 '건국기념절' 혹은 '건국기원절'이라고 언명한 것은 특기할 만하다. 기념식이 끝난 후 김구는 어린이들에게 "너의들은 장내 훌륭한 사람들이 되어야 한다. 그래서 조흔 일을 많이 해야 된다. 이 말은 장차 내가 세상을 떠나드래도 이 말은 어느 때 어디서 김 주석이 들여준 말슴이더라 하고 기억해다오"라고 몇 번이나 거듭하였다. 이에 대해 어린이들은 "우리는 조흔 사람이 되어서 조흔 일을 많이 하겠습니다"라고 천진난만하게 외쳤다. 어린이들을 사랑하는 김구의 마음이 잘 드러나는 대목이다.

상하이에서 분주한 나날들

이날 저녁 6시 교민회 주최로 징안쓰로의 진먼판뎬金門飯店에서 김구 주석과 임시정부 요인 환영회가 열렸다. 오늘날 난징시로 108호에 있는 진먼판뎬은 1926년에 개업한 유서 깊은 일류 호텔이다. 김구의 아들 김신이 상하이를 방문할 때 늘 이곳에서 묵었다고 한다. 진먼판덴 바로 옆에 다광밍극장이 있다.

당초 교민회는 전날인 11월 6일 오후 6시 환영회를 개최하려고 하였다.『대한일보』에 "김구 주석을 환영하기 위하야 교민회 주최로 금일 하오 6시부터 금문반점에서 환영회를 개최하는데 회비는 50만 원이라 하며 희망자 다수의 참석을 바란다고 한다"는 광고까지 게재하였다. 그런데 '사정'으로 환영회는 11월 7일 오후 6시로 변경되었다. 회비는 50만 원에서 100만 원으로 인상되었다. 회비가 100만 원이라고 하는 것으로 보아 물가가 천정부지로 치솟는 전후 상하이의 경제상황을 엿볼 수 있다. 환영회에는 김구 등 임시정부 요인 20여 명, 그리고 상하이 교민 100여 명이 참석하였다. 김구·김규식 등의 훈사, 교민회 간부들의 치사가 이어졌으며 밤 9시 30분 성황리에 종료되었다.

진먼판덴의 옛 모습

이날은 상하이 방송국에서 국내 동포에 대한 김구의 단파 방송도 예정되어 있었다. 『대한일보』는 이날 저녁 8시에 김구가 상하이 라디오 방송국에 출연하여 국내 동포에 대해 방송한다고 하였다. 그러나 진먼판뎬에서 열린 김구 등 임시정부 요인 환영식이 9시 30분에 끝났던 것으로 보아 방송은 다른 날로 연기되었을 것이다.

상하이에 있었던 18일 동안 김구와 임시정부 요인들은 여러 단체의 초청으로 바쁜 나날을 보냈다. 김구는 공식적인 환영회 외에도 왕년에 임시정부에서 함께 활동하던 동지들을 만나 회포를 풀었다. 『백범일지』에는 "상하이 전 동포들의 대성황리에 환영회를 개최하였다. 13년 전에 본 어린아이들은 벌써 장성하였고, 장정들은 이미 노쇠하여 옛 얼굴을 찾아보기 어려웠다"고 하였다. 김구는 윤봉길 의거 이후 상하이를 떠나지 않고 남아 있던 선우혁, 장덕로, 서병호, 한진교 등을 만나 지난날의 회포를 풀었다.

교민회에 윤봉길 동상 건립을 명하다

김구는 상하이에 도착한 후 6일이 지난 11월 10일, 상하이 한국교민회 회장 및 간부들을 접견하였다. 그는 교민회 간부들에게 다음과 같은 사항들을 지시했다.

10일 김구 주석께서는 교민회 회장과 총무로부터 교민 조직 경과 현

루쉰공원 내 매헌

상과 보선 결과를 청취하신 후 다음과 같은 훈시를 주셨다. … 윤봉길 동상은 교민회를 중심으로 만들라. 장 위원장(장제스 총통) 동상도 건립하는 것이 좋으나 일개 단체가 할 게 아니므로 중국 내 각 지방 교민회가 합치하여 하는 것이 가하다. … (『대한일보』 1945. 11. 13.)

김구는 상하이교민회가 중심이 되어 윤봉길의 동상을 세우라고 지시하였다. 그 자신과 윤봉길의 관계, 홍커우공원 의거의 의미를 생각할 때 충분히 이해되는 일이다. 아울러 장제스 위원장의 동상도 건립하라고 지시하였다. 장제스는 그때까지 임시정부를 지원해 주었으며

루쉰공원 내 윤봉길 의거 기념비

장차 국내 정국에서 주도권을 장악하는 데 최대의 후원자가 될 터였다. 다만 장제스 위원장의 동상은 일개 단체가 할 수 있는 것이 아니므로 중국 내 각 지방 교민회가 힘을 합쳐서 하라고 훈시하였다.

김구의 지시가 어떻게 이행되었는지는 알 길이 없다. 하지만 상하이교민회는 김구의 지시를 이행할 수 없었을 것으로 생각된다. 이국 땅인 상하이에서 한인의 동상을 세우는 것은 지금도 어려운데 혼란한 당시 상황에선 더욱 그러했으리라.

안준생 처벌을 요구하다

상하이에 머무는 동안 김구는 무엇보다도 안중근의 아들로서 변절한 안준생安俊生을 체포하여 처벌하고자 하였다. 민족의 영웅 안중근의 명예를 더럽힌 안준생의 행위는 결코 용서될 수 없었다.

안준생은 1937년 중일전쟁 이후에도 상하이에 잔류하였다. 1939년 10월 상하이 한인들의 '만선시찰단' 일원으로 서울에 들어가 이토 히로부미伊藤博文를 기리는 박문사博文寺를 방문하였다. 그 자리에서 이토 히로부미의 아들 이토 분키치伊藤文吉를 만나 아버지 안중근의 '죄'를 사죄함으로써 국내외 언론에 대서특필된 바 있었다. 그때 중국 대륙을 전전하다 막 충칭에 도착한 김구도 조선총독부에 의해 연출된 안준생과 이토 히로부미 아들의 '화해극'을 익히 들어 알고 있었다. 안중근의 정신을 기리고 그 유가족을 보호하기 위해 최선을 다했던 김구는 그 누구보다도 충격을 받았다.

광복 직후 충칭에서 장제스를 만난 자리에서 김구는 적과 내통한 한간 처벌을 위해 '지령문'을 써 주면 상하이에 가서 현지 중국군 사령관인 탕언보湯恩伯와 상의하여 처리하겠다고 하였다. 이에 장제스도 호의적으로 협조를 약속했다. 실제로 김구가 충칭을 떠나기 하루 전인 11월 4일 장제스의 지시를 받은 중국군사위원회는 상하이 시장 첸다쥔錢大鈞에게 "김구 등이 상하이에서 안중근의 아들 등 반동분자를 처치하고자 한다면 협조할 것"을 지시하였다.

그렇지만 정작 상하이 지방 관헌은 협조하지 않았다. 김구는 "민족

안중근의 직계가족.
왼쪽부터 며느리 정옥녀, 손녀 연호와 선호, 아들 준생, 손자 웅호, 부인 김아려

반역자로 변절한 안준생을 체포하여 교수형에 처하라고 중국 관헌에게 부탁했으나 그들이 실행치 않았다"고 하였다. 사실 상하이 지방 당국은 광복군 상하이 판사처가 상하이에서 한인들을 체포한 행위를 중국의 주권을 무시한 행위로 간주하고 있었다. 오히려 중국 관헌은 한인들 내부 사정인 한간 문제에 간섭할 수 없다고 인식하였다. 더욱이 중국 지방당국은 한인들을 치안 차원에서 바라보았다. 치안 불안 요소를 근본적으로 제거하기 위해서 한인들을 조기에 일괄 귀국시켜야 한다고 판단하고 있었다.

　김구의 안준생 처단 시도는 중국 지방 당국의 비협조라는 벽에 부딪쳤다. 또한 광복 직후 상하이는 친일파 청산 문제를 제기하기에는 상황이 몹시 복잡했다. 타국에서 자기 민족의 친일파 처리는 근본적으로 한계가 있을 수밖에 없었다. 친일파 처리는 중국의 주권이 적용되는 상하이에서보다는 국내로 들어간 다음에나 가능한 것이었다.

순국선열 추모 행사에 참석하다

김구는 『백범일지』에서 상하이에서 부정업에 종사한 한인들과 윤봉길 의거 이후에도 상하이에 잔류하여 종국에는 훼절 혹은 변절한 이들에 대해 대단히 부정적으로 썼다. 다음 『백범일지』의 내용은 김구의 상하이에 대한 생각을 잘 보여 준다.

> 왜적이 투항한 후 … 11월 5일에 나는 선발로 13년 전에 떠났던 상하이의 공기를 비로소 다시 호흡하게 되었다. … 세상만사가 어찌 모두 무심하고 우연이라 하리오. 상하이에 거주하는 동포 수가 13년 전보다 몇십 배나 증가되었으나 왜적과의 전쟁으로 인한 생활난의 고통으로 인하여 각종 공장과 사업 방면에서 부정한 업자들이 속출하였다. 이와 같은 상황에서 이전의 독립정신을 굳게 지키며 왜놈의 앞잡이가 되지 않은 사람들은 선우혁 · 장덕로 · 서병호 · 한진교 · 조봉길 · 이용환 · 하상린 · 한백원 · 원우관 등 불과 10여 인에 불과하였다. 그들의 굳은 지조를 가상히 여겨 서병호 자택에서 만찬회를 개최하고 기념사진을 촬영하였다. 민족반역자로 변절한 안준생을 체포하여 교수형에 처하라 중국관헌에게 부탁하였으나 관원들이 실행치 않았다.

김구와 임시정부 요인들은 1932년 4월 29일 윤봉길 의거 이후 체포되거나 상하이를 떠났지만 일부는 상하이에 남았다. 사전에 약속한 것은 아니었지만 떠날 사람은 떠나고 남을 사람은 남았다. 상하이 교민 사회가 남아 있는 한 모든 이들이 상하이를 떠날 수는 없었다. 그런데 상하이에 남아 있던 이들은 중일전쟁과 태평양전쟁 이후 소극적이나마 일제에 협력하지 않을 수 없는 어려움이 있었다. 그런데 김구가 상하이 한인 가운데 선우혁 등 10여 인을 제외하고는 모두 "왜놈의 앞잡이"가 되었다고 생각한 것은 상하이 교민들로서는 억울한 측면이 없지 않았다.

이러한 김구의 상하이 한인들에 대한 인식은 11월 17일 상하이 교민 사회가 개최한 순국선열 추모 기념식에서 표출되었다. 이날 오전 10시 징안쓰로 다광밍극장에서 상하이 한국교민회는 순국선열들을 위한 추모 행사를 거행하였다. 이날은 2000명의 상하이 교민들이 운집하였다. 당시 상하이에 있던 임시정부 요인들도 대거 참석하였다. 이 자리에서 '임시정부 당면정책 14개 조항'을 발표했다. 이를 통해 임시정부는 "독립운동을 방해한 자와 매국적에 대하여는 공개적으로 엄중히 처분할 것"을 천명하였다.

그런데 그날 교민들의 분위기는 아주 좋지 않았다. 웅성거리는 소리가 여기저기서 터져 나왔다. 일본군 점령하의 상하이에서 생활한 교민들로서는 임시정부가 발표한 정책 가운데 친일파 언급에 대해 불만이 있었던 것이다. 사실 상하이에서의 친일파 청산 문제를 어떻게 처리하느냐는 환국 이후 국내에서의 친일파 청산에 대한 대중들의 여론을 보는 시금석이 되었다.

장제스에게 고별 전보를 보내다

상하이 체재 기간 동안 김구는 중간에 거처를 옮겼다. 양쯔판뎬에서 국제문제연구소 저택으로 옮긴 다음 일주일 체재하였다. 그로보아 양쯔판뎬에서 약 11일 정도 머문 것으로 추정된다. 김구의 비서였던 선우진은 양쯔판뎬에서 징안쓰로에 있는 고급 주택가의 개인 저택으로 거처를 옮겼다고 회고하였다. 고관의 관사였던 그곳이 조용하고 보안에도 편리해서, 상하이시 당국이 조처한 것이라고 하였다.

국민당정부 관리 사오위린은 이곳이 자신이 주선한 위위안愚園로의 국제문제연구소 영빈관이라고 하였다. 호텔이 너무 번잡한 지역에 있어 김구의 안전을 기하고 예의를 갖추기 위해 며느리 겸 비서인 안미생과 김구의 최측근 엄항섭이 함께 기거하도록 했으며 경위대원들이 교대로 출근해서 김구를 지켰다.

당초 김구는 상하이에서 18일이나 머물 줄은 몰랐던 듯하다. 상하이에 도착한 며칠 후인 11월 9일 장제스 주석에게 다음과 같은 고별 전보를 보냈다.

11월 5일 상하이에 도착해서 교민들의 애국 열정을 보고 더없이 기뻤습니다. 저희 정부가 이번에 귀국할 수 있게 된 것은 전적으로 귀국의 도움과 각하의 분에 넘친 후의에 힘입은 바였음을 특별히 감사드립니다. 금후의 일은 소육린 선생이 중경에 돌아가는 길에 이미 일체를 말씀드렸으니 많은 지도를 해 주시기 바랍니다. 이제 곧 저희는 귀국할 텐데, 소 선생도 속히 돌아와 저희와 동행할 수 있기를 바랍니다.

11월 9일 한국임시정부 주석 김구

한시라도 빨리 귀국하고자 했던 김구의 열망에도 불구하고 국내의 미군정과 귀국 자격을 놓고 교섭하는 동안 차일피일 시간이 흘러갔다. 그래서 상하이에서 열린 임시정부 국무회의에서는 미군정이 임시정부로서의 입국을 허락하지 않으면 귀국하지 말고 상하이에서 버티자는 강경 의견도 있었다.

결국 11월 19일 김구는 미군정에 개인 자격으로 입국한다는 서약서를 제출했다. 장완비행장에서 미군정이 보내온 비행기를 탑승하고 귀국하게 된 것은 김구가 장제스에게 고별 전보를 보내고 14일이나 지난 11월 23일이었다.

카이쩌얼로 경무국

김구와 공교론자 이병헌의 만남

리종주

김구는 한국을 대표하는 독립운동가, 민족주의자이다. 이병헌 李炳憲은 한국 경남에 조선공교회를 건립하려다가 실패한 금문 경학今文經學적 공교론자孔敎論者이다. 이 두 인물이 서로 다른 지 향점을 가지고 상하이에서 조우하면서 한 차례 민족, 전통문화, 유교 등에 관해 나눈 대화가 전해지고 있다.

김구의 본격적인 독립운동은 그의 나이 44세가 되던 1919년, 중 국으로 망명하여 상하이 임시정부에 참여하면서부터이다. 3·1 운동 직후 망명길에 오른 김구는 그해 8월 임시정부의 경무국 장을 맡으면서 정력적인 활동을 시작하였다. 경무국장으로서 그가 담당한 일은 일본 경찰과의 첩보 대결, 동포 사회의 안녕·

질서 확보와 임시정부 요인 경호, 임시정부에 도전하는 인물과 세력을 처단하는 일 등이었다. 1920년 2월 당시 대한민국임시정부의 경무국 사무실은 카이쯔얼凱自邇로(현재의 진링중로) 263호에 있었다. 당시 국장은 김구, 경호부장은 여순근, 경호원은 박종익·최진석·전재순·김희준·차균창·장원택·김영희·황훈·박형국 등이었다. 이 시기에 중국 상하이에 간 이병헌이 경무국에 체포되어 김구의 심문을 받았다.

공교론자 이병헌

이병헌의 중국 방문은 다섯 차례에 걸쳐 이루어졌다. 이를 통해 그는 캉유웨이康有爲의 직접적인 지도를 받으며 자신의 공교사상(孔敎思想, 유교를 미신의 영역에서 벗어나게 해 철학과 종교를 합일시키려는 유교 개혁 사상)을 형성하게 되었고 또 중국의 공교회 인사들과도 교류하기 시작하였다. 이병헌은 1918년부터 공교를 지키기 위한 방법으로 문묘를 설립하여 교조 공자孔子를 존숭할 것을 결심하면서 공교운동의 방향을 정하고, 공교운동을 본격적으로 시작하였다. 그는 공교운동의 핵심 과제를 교조 공자를 모신 문묘를 세우는 것으로 정하고 공자의 성상을 진본으로 갖추어야 한다고 생각하였다.

그리하여 1920년 1월 18일 중국 방문차 상경하였다. 이때 정만조가 찾아와 1919년에 일제의 사주하에 조직된 친일 유림 조직인 '대동사문회'에 대해 설명하였다. 이에 이병헌은 "지금 우리나라의 인도引導에서 급한 일은 공교를 뿌리내리게 하는 데 있으니, 공교를 지탱하는 방도는 전날의 규모를 따르는 것이 아니다. 위에서 크게 개혁한다 하여도 보존할 수 있는 가치가 전혀 없다. 개혁의 방도는 공자의 원래 모습을 회복하는 것에 지나지 않을 뿐이다"라고 하여, 정만조가 조직한 대동사문회의 입장과 상반되는 자신의 공교운동 방략을 밝혔다. 이는 오직 공자의 도를 받들어 공교를 종교적 조직으로 발전시키는 것이었다.

그 후 배산서당을 대표하여 이황의 종손 이충호가 캉유웨이와 연성공衍聖公에게 보내는 편지를 받은 이병헌은 중국으로 출발하였다. 개성을 거쳐 3월 5일 압록강을 건너 안둥(安東, 현 단둥)에서 선편으로 3월 11일 상하이에 도착하였다. 상하이에서 박은식과 이익을 만난 후 3월 14일 신원의 캉유웨이를 찾아갔다. 그는 캉유웨이에게 이충호의 편지를 전달하고 자신의 저술인 『조선유교원위고』, 『유교복원론』을 전하고, 이황의 학문을 이해할 수 있는 『도산문현록』, 『퇴계년보』, 『성학십도』를 주었다. 이때 캉유웨이는 이병헌에게 자신의 『신학위경고』와 금문경의 목록을 주어 학문에 매진할 것을 당부하였다. 더불어 이병헌이 부탁한 편액과 주연을 써 주고 취푸曲阜의 공령우에게 이병헌을 소개하는 편지를 써 주었다.

3월 24일 상하이로 간 이병헌은 상하이의 대한민국임시정부에서 활동하는 김창숙을 만났는데, 이병헌이 유교를 제창하는 일을 제시하자 김창숙金昌淑은 전반적인 반대 입장을 표명하였다. 3월 29일 예안 출신의 이옥봉이라는 청년이 찾아와 임시정부의 경무국장인 김구가

이병헌을 주목한다고 경고해 주었다. 하지만 이병헌은 자신은 종교운
동만 몰두하기에 다른 과오는 없다고 귀담아 듣지 않았다.

경무국에서의 심문

4월 1일 이병헌은 김창숙을 방문하고 돌아오는 길에 경무국의
조선 청년들에게 감금되어 심문당하였다. 당시 경무국에서는 다음과
같이 심문하였다.

문: 병합 시의 조칙 중에 동양평화를 유지한다는 어語와 유고 중에 유
불교를 보호한다는 의議는 그 근본정책을 득하엿다 할 것이 안일가?
답: 묘당굉모는 임의 근본대계가 립하엿스나 석호惜乎라. 황황한 성조
와 신신한 유고가 묵적이 마르지 못하야 종교령이 발포되야 유교가
삭제되고 향교재산관리규칙이 남시되야 성묘聖廟의 존숭釋奠과 수리
가 성설치 못하게 되엿도다. 만일 유림의 실심實心한 연조捐助가 안이
면 거의 철폐되야스리라. 비록 유교를 숭장할지라도 성의가 무하면
불가하거든 하물며 명의조차 괴함이리오.
문: 금회의 소요 후 묘당방침은 그 근본을 득하엿다 가위할가?
답: 대조를 봉독한즉 일시동인, 증진복리, 선포덕화등어가 탕연히 인
심인문의 가술할 바 유하니 깁히 구민의 본지를 득得하엿으며, 총독의
유고인즉 대조의 지를 소술하야 문화이자에 삼복치의하엿으니 본할

바를 아지 못하엿다고 니르지 못하겟고 도선의 초에 공동묘지개정의
령을 수발하엿스니 절민의 요무라 가위할지라.

문: 금회의 시설은 근본정책을 해결함을 득할가?

답: 조선문화의 목표는 오직 유교에 잇다, 유교문제가 해결된 후에야
근본정책이 성립되리니 차일항의 사안은 엇지 은닉되는지 알 수 업다
하고 현금은 일본의 대선문화정치의 일전기인대 일본의 현시유교에
대한 책은 삼이 유하나 그 상책을 득하면 가히 세계의 맹주가 될 거시
오, 중책을 득하면 가히 동아의 평화를 니를 거시오, 하책을 득하면 가
히 현시의 상태를 보하리라 하고 소위 상책은 먼저 정부로서 유교에
주중하야 지나송원의 파를 출하고 지성시중의 의를 연하야 사세에 조
하면 소강으로붓허 태평을 치하야 구미의 정의인도을 모하고 능히 실
행치 못하는 자로 하야금 반드시 와서 법을 취하고 령혼을 양케 하리
니 정의로 말마 신미아 명에 입하야 천인이 감통하며 생사에 안낙하
야 각교의 천당을 신후에 구하는 자가 거연히 낙할 바가 오심에 잇는
주를 알지니, 석일 소위 천당극낙이 구치 안이하여도 자연히 니를 것
이라, 시와 여한즉 종교정치교육을 물논하고 맛당히 세계의 최우선의
지위을 점하리니 엇지 맹주가 안이리오, 이것이 상책이니라 하다.

이러한 심문이 있은 후 김구가 나타나 이병헌의 일기를 비롯하여
『유교복원론』, 『종교공안』 등을 살펴보았다. 김구는 총독부·경학원·
본정부·일본총리 오쿠마 시게노부에게 수십 차례나 보낸 배달 증명
을 보고서 "우리 2천만에게 공동의 적을 총독부라 하고 정부라 하고

대관이라 하니, 이것은 꼬리를 흔들어 불쌍히 여겨 달라는 태도요 더불어 손잡자는 것이 아닌가?" 하고 힐문하였다. 이에 이병헌은 "지금 부모나 조부모가 도적에게 잡혀갔다면, 자손 된 도리로 비록 어떤 비루한 태도라도 지어서 나의 부모나 조부모를 찾아와야 할 것이다. 어느 겨를에 지조를 헤아려 과감히 항거하는 태도를 보이겠는가? 지금 조선 안의 동포들은 비록 한 두락의 논이나 10환의 돈을 침해당해도 법관에게 소송하여 이런 말들을 일상의 사례로 쓰고 있다. 선성 공자의 큰 가르침이 존속할지 멸망할지가 달려 있는 즈음에 고고한 자신의 취지로 한 걸음도 굽히려 하지 않고 한 마디 말도 허비하지 않으려 한다면 나는 이에 심히 의혹을 가질 것이다. 내가 오늘날 교를 지키려는 마음은 바로 자손이 부모와 조부모를 지키는 마음이다"라고 대답하였다.

김구는 "어찌하여 나라를 위해서는 무심하면서 교를 위해서는 절실하고 진지한가?"라고 힐난하고 이병헌이 중국에 와서 먼저 캉유웨이

1920년대 카이쯔얼로(현재의 진링중로) 263호
현재 홍콩 플라자 뒤편에 있다.

를 찾아간 것을 비판하였다. 이에 이병헌은 캉유웨이가 "우리나라 학생들에게도 노력하기를 타이르는 뜻을 많이 보여 주었으며, 공교에 있어서는 특히 '태평'·'대동'의 의리를 밝혀서 실로 백대에 독창적 견해를 갖추고 있으니 가볍게 의논할 수 없다"고 변호하였다.

이리하여 김구도 이병헌의 논리에 상당히 설득되어, "유교가 독립운동에 장애물이 된다면 그만두는 것이 낫다. 그러나 선생의 논설은 이치가 있는 듯하니 당국(임시정부)에서도 다시 헤아리겠다"고 완화된 태도를 보였다. 이에 이병헌은 "우리나라의 유교에는 완고하여 옛것에 빠진 병통이 진실로 있지만, 어찌 일찍이 유교로서 매국노가 된 자가 있겠는가? 만약 큰일을 하고자 한다면서 먼저 대다수의 인심을 잃는다면 계책을 얻는 것이 아니다"라고 하여 김구에게 유교를 적대하여 조선의 대중에 어긋나면 민족 독립이라는 큰일을 이룰 수 없다고 주장하였다. 당시 임시정부는 이병헌에게 "종교적 발전을 기약하려 하면서 적 총독, 적 내각을 끼고 다른 종교를 배척하며 종교의 발전을 민족의 자유와 바꾸려는 심사는 가증하외다. 앞으로 뒤바꾸어 깨달아서 정정당당한 길로 나아가 그러한 정치 음모적 수단을 버리고 오직 학문적 종교적 입지에서 문화적 운동을 한다 하면 다행이외다"라고 하여 일제의 총독부에 대한 이병헌의 청원운동에 대해 부정적인 입장을 밝혔다. 결국 4월 9일 김구는 이병헌을 풀어 주었다.

그 후 이병헌은 캉유웨이, 박은식, 김구 등의 배산서당 낙성식 축사를 가지고 귀국하여 공교운동을 진행하면서 배산서당을 낙성하였지만 지방 유림들의 비판으로 무산되고 공교운동도 실패하게 되었다.

상하이 ②

제국과 반일의 기억

도진순

애스터호텔, 부두 일본총영사관, 황푸 강변,

근대 상하이의 상징은 역시 와이탄外灘이다. 1840년 아편전쟁 이후부터 개발되기 시작한 와이탄은 1920~1930년대 동아시아 최고의 번화가였다. 황푸黃浦 강변 남북 1.5킬로미터에 걸쳐 제국과 식민의 유산으로 다양한 양식의 고층 건물이 즐비해 있다. 중국 정부는 이 식민 유적을 없애지 않고 '만국건축박람萬國建築博覽' 지역으로 설정하고, 그중 52채를 '우수역사건축優秀歷史建築'으로 지정·보호하고 있다. 이제 이러한 건물의 옥상에는 제국의 깃발이 아니라 중화인민공화국의 오성홍기가 펄럭이고 있으며, 맞은편 푸둥浦東에는 둥팡밍주東方明珠 등 중국이 건설한 초고층 빌딩이 즐비하여 제국의 거리였던 와이탄을 굽어보고 있다.

와이탄은 제국과 식민의 거리이기도 하지만, 군데군데 반제·반일 독립운동의 흔적이 보석과 같이 숨어 있다. 상하이에서 대한민국임시정부청사 등 널리 알려진 독립운동 유적과 더불어, 관광객이 홍수를 이루는 와이탄의 식민 거리에서 반제·반일의 독립운동 흔적을 찾아내 널리 알리는 것은 매우 중요한 일이다.

김구와 일본총영사관

홍구虹口의 왜영사관과 우리 경무국은 대립·암투하였다. (『백범일지』)

1919년 김구가 대한민국임시정부의 경무국장으로 활약한 것은 널리 알려져 있다. 임시정부에서 경무국의 역할은 매우 중요했는데 김구는 경무국, 나아가 임시정부의 주적으로 "홍구의 왜영사관"을 지목하였다.

일제가 상하이에서 제국주의적 식민정책을 추진하고 본국민들을 보호하는 임무를 총괄하는 곳이 일본총영사관이었다. 그런데 1919년 4월 대한민국임시정부가 상하이에 건립되고 난 이후 일본총영사관의 중요한 임무 중 하나가 한국인의 독립운동에 대한 정보를 수집·보고하고, 이를 저지하기 위해 각종 정책을 집행하는 것이었다. 이봉창과 윤봉길의 의거, 나아가 김구에 대한 정보 수집과 체포 시도 등을 주도한 것도 일본총영사관이었다.

1932년 1월 8일 도쿄에서 이봉창의 의거가 결행되자, 그날 밤 도쿄의 경시청 형사부장은 상하이총영사관 경찰서장에게 범인은 이봉창, 배후 주모자는 백정선白貞善이라고 통지하였고, 다음 날 상하이총영사인 무라이 구라마쓰村井倉松는 외무대신에게 백정선은 "한국임시정부의 재무부장이자 한국교민단장 김구로 사료되며, 프랑스총영사와 김구 체포를 위한 구체적인 방법을 협의 중"이라고 보고하였다.

상하이 일본총영사관은 이미 이봉창 의거 이전에 김구 체포에 나선 적이 있다. 상하이총영사는 1932년 1월 11일 자 외무대신에게 보낸 문건에서 "1월 5일 프랑스 측의 양해 아래 프랑스 조계 마랑로 푸칭리 4호 임시정부 내에 잠복하고 있는 김구 체포에 나섰으나 행방을 감추어 검거하지 못했다"고 보고하였다.

1932년 4월 29일 윤봉길의 홍커우공원 의거에 대해서도 일본총영사관이 핵심적인 역할을 하였다. 의거 당일 상하이총영사는 육군·해군 등과 협의하여 "이 기회를 이용하여 한국 독립운동가에 대한 일제 검거를 프랑스 측에 요구"하기로 하였고, 밤 8~9시경에 일본 헌병 사복대 등 수백 명은 한인이 다수 거주하는 지역을 철통같이 포위하고 한인의 출입을 경계하였다. 다음 날인 30일 오전 4시 영사관의 아카키赤木 사무관 지휘하에 70명에 이르는 검거반을 출동시켜, 오전 5시 프랑스 공무국 경찰대와 현지에서 회동하여 한국인들을 검거하게 하였다. 이후 프랑스 조계의 한인 사회는 '백색테러'가 횡행하는 암흑천지로 변하였고, 결국 안창호를 비롯한 한인 11명이 체포되었다.

일제는 물론 김구를 체포하려고 하였다. 5월 2일 상하이총영사가 외무대신에게 올린 보고에 의하면, 헌병대장과 협의하여 "경찰 20명, 헌병 10명, 총 30명의 체포대"를 조직하여 김구 체포 작전을 개시하였으나 실패하였다. 이후 김구 체포를 위해 헌병대 100명을 대기시켰고 박춘산朴春山이라는 첩자를 이용하기도 하였다. 또한 상하이 일본총영사관은 윤봉길 의거 이후 김구 체포에 일화 20만 원의 현상금을 걸었고, 다시 일본외무성과 조선총독부·상하이주둔군사령부 등과 합동으로 60만 원의 현상금을 걸었다.

이로써 우리는 김구가 '경무국의 주적'으로 왜 '홍커우의 일본총영사관'을 지목했는지 충분히 이해할 수 있다. 그렇다면 당시 일본총영사관은 어디에 있었는가? 지금은 어떻게 되어 있는가?

애스터호텔과 일본총영사관

와이탄의 출발지가 되는 곳은 와이탄 북부의 와이탄위안外灘源이다. 그 1~33호 일대에 영국영사관이 황푸黃浦공원을 마주 보고 있다. 여기서 북쪽으로 쑤저우허蘇州河를 넘어가는 작은 다리가 영화에도 많이 등장하는 유서 깊은 와이바이두外白渡교이다. 이 다리를 넘어서 오른쪽 길 황푸黃浦로 일대를 '베이와이탄北外灘'이라고 하는데, 이곳은 와이탄과 달리 황푸黃浦구가 아니라 홍커우虹口구에 속한다. 홍커우구는 상하이 동북면에 남북으로 길쭉하게 자리하고 있는데, 윤봉길의 의거가 있었던 홍커우공원(현 루쉰공원)이 중간 위치에 있고, 최남단이 바

와이탄위안과 베이와이탄 일대 지도.
① 영국총영사관 ② 황푸공원 ③ 와이바이두교 ④ 러시아총영사관 ⑤ 애스터호텔 ⑥ 미국총영사관(현재 하이어우판몐)
⑦ 일본총영사관 ⑧ 홍커우 일우중앙부두 ⑨ 국제여객선터미널 ⑩ 후이산 일우부두 ⑪ 양수푸부두
⑫ 황푸부두 구지 ⑬ 황푸강유람선터미널 ⑭ 상하이우정총국 ⑮ 요코하마쇼킨은행 상하이지점

로 베이와이탄으로 와이바이두교를 건너 와이탄 지역을 굽어보고 있
다. 이 베이와이탄 지역에 상하이 제1의 특급 호텔과 외국 영사관들이
즐비하였다. 와이탄위안에서 와이바이두교를 건너 오른쪽으로 가면
바로 소련총영사관이 있었는데, 현재에도 러시아 국기가 펄럭이며 영
사관으로 사용되고 있다.

　이 러시아총영사관과 황푸로 길을 사이에 두고 마주 보고 있는 건
물이 19세기 후반부터 상하이 최초이자 최고의 호텔인 푸장판몐浦江飯
店으로, 영문 이름은 애스터하우스호텔Astor House Hotel이(이하 애스터호
텔)다. 이 호텔에는 세계적으로 유명한 사람들이 많이 투숙하였다. 미

국 제18대 대통령인 그랜트 전 대통령, 아인슈타인, 찰리 채플린, 『중국의 붉은 별』의 저자 에드거 스노Edgar Snow, 그의 부인이자, 한국 독립운동가 김산의 일대기를 다룬 『아리랑』의 저자 님 웨일스Nym Wales, 중국의 리홍장李鴻章, 량치차오梁啓超, 저우언라이周恩來 등이 이곳에 투숙하였다.

놀랍게도 이 호텔은 우리의 3·1운동 발생 및 초기 독립운동과 특별한 인연이 있다. 1918년 당시 상하이에는 미국의 저명한 언론인 밀러드(Thomas Franklin Fairfax Millard, 1868~1942)가 애스터호텔에 머물고 있었다. 그의 회고록 『민주주의와 극동 문제』에는 1918년 12월 호텔로 그를 찾아온 한 한국인 남자에 대해 소개하고 있다.

> 지난 12월(1918년) 내가 상하이에서 미국으로 항해하기 전 어느 저녁, 어떤 남자가 애스터하우스Astor House에 있는 내 아파트[숙소]로 날 보러 찾아왔다. … 상하이에서 그는 한국인들 사이에서 YMCA 활동을 영위했으며, 중국 YMCA 조직 내에 있는 내 친구 한 명의 소개장을 들고 왔다. 이 남자는 내가 워싱턴과 파리에 갈 예정이라고 들었다며 내게 부탁이 있어 왔다고 말했다 … 그는 내가, [파리평화]회의에 한국의 호소 청원인 짧은 비망록을 가지고 가서 미국 대통령이나 파리 미국대표단원 중 한 명에게 전달해 줄 수 있는지 문의했다.(정병준, 2017, 243쪽. [ ]는 필자)

이 한국인 남자는 여운형이다. 여운형은 뒤에서 언급하는 중국

YMCA의 조지 애시모어 피치George Ashmore Fitch로 추정되는 사람의 소
개장을 가지고, 애스터호텔에 있는 밀러드를 찾아와 윌슨 대통령과 파
리평화회의에 보낼 청원서를 전달하였다. 밀러드는, 윌슨 대통령의 특
별한 친구로 1918년 11월 말 상하이를 방문했던 크레인Charles Richard
Crane의 비공식 비서로서, 또 중국정부의 비공식 자문으로 파리평화회
의에 참석할 예정이었다. 1918년 여운형 등이 파리평화회의에 청원
서를 보내고 대표 김규식을 파견한 것이 3·1운동의 기폭제가 된 것은
널리 알려진 사실이다. 이렇게 해서 일어난 3·1운동이 황해도 동산평
농장에 있던 김구를 상하이로 오게 하였다.

　애스터호텔은 미국대사관과도 지척이어서 3·1운동 이후에도 한국
의 독립운동이 미국 및 서방으로 연결되는 현장이 되었다. 1920년 2
월 3일, 안창호가 이 호텔에서 서양 기자들을 만났다. 또한 그해 8월 5
일에는 태평양회의 미국 의원단 환영 연회가 이곳에서 열렸는데 임시
정부 교제위원들 전부가 "에스타 하우쓰"에 출석하였다. 2018년 9월
필자가 방문하였을 때 애스터호텔은 영업을 하지 않고 박물관으로 바
꾸는 공사를 하고 있었다.

　러시아영사관 동쪽 바로 옆이 미국총영사관 자리인데, 이 자리에
건물을 신축하여 호텔 하이어우판뎬(海鷗飯店, 황푸로 60호)이 영업 중
이다. 2018년 9월 말 상하이 답사 시 필자는 황푸강과 와이탄이 잘 보
이는 이 호텔 707호에서 머물면서 주변을 답사하였다.

　이 호텔 동쪽 바로 옆 붉은 벽돌 건물이 바로 일본총영사관 건물이
다. 1911년 건립된 3층의 붉은 건물은 '홍러우紅樓'라 불리는데 우아한

일장기가 계양된 홍러우
ⓒBaidu

황푸로의 후이러우
ⓒ도진순

곡선의 망사르드mansard 지붕이 인상적이다. 홍러우는 현재 중국 해군 관계 시설로 사용되고 있어 들어가 볼 수는 없지만, 인근 하이어우판 뎬 앞에서 담 너머 촬영이 가능하고, 황푸강 유람선을 타고 볼 수 있다.

황푸 강변의 홍러우 북측, 황푸로 쪽에 있는 일본총영사관 신관은 회색이라 '후이러우灰樓'라고 하는데, 현재의 건물은 1941년 중건된 것이다. 홍러우와 후이러우 모두 '상하이시 우수역사건축'으로 지정되어 있는데, 안내 석판에 의하면 홍러우가 고전주의 양식이라면 후이러우는 초기 현대판 양식이라 한다. 또 다른 안내 동판은 후이러우가 해방 이후 유엔의 아시아·태평양 경제사회위원회 건물로 사용되었음을 알려 주고 있다. 위원회는 1947년 3월 28일 이 건물에서 발족하여, 1949년 6월 태국의 방콕으로 옮겨 갔다고 한다. 지금 이 후이러우는 상하이항 공안국에서 사용하여 안으로 들어갈 수는 없다.

이봉창과 윤봉길: 일본우선부두

상하이에 모두 몇 개의 부두가 있는지 아는 사람이 없다는 얘기까지 있을 정도로 황푸 강변에는 많은 부두가 있었다. 따라서 사안별로 해당 부두를 특정하는 것은 매우 복잡하고 어려운 일이다. 최근의 소개(류스옌劉世炎, 2018)에 의하면 1915년 당시 상하이에는 30개의 여객선 부두가 있었으며, 그중 22개가 황푸강 연안에 있었는데, 그 가운데 6개 부두가 원양遠洋 노선에 사용되었다고 한다.

상하이의 부두 시스템은 세계적으로 유례가 없는 전용부두 제도로 운영되었다. 상하이를 오가는 윤선회사나 기업은 전용부두와 창고를 소유하였으며, 이를 다른 회사에서는 사용하지 못했다. 상하이에서 일본의 항운회사가 사용한 부두는 12군데에 이른다. 그중에서 1920년대 이후 일본우선주식회사日本郵船株式會社가 사용한 부두만 미쓰비시三菱, 후이산滙山, 신후이산新滙山 등 세 군데나 된다.

먼저, 일본 총영사관에서 동쪽 바로 옆, 황푸로와 우창武昌로가 만나는 지점에 홍커우虹口부두가 있었다. 한반도가 개항하는 1876년, 일본 미쓰비시우선회사三菱郵船會社가 미국 태평양우선공사太平洋郵船公司로부터 이 부두를 매입하여 미쓰비시三菱부두라 불렀다. 1885년 미쓰비시우선회사가 일본우선회사에 합병되고 난 이후 이 부두는 일우중앙日郵中央부두라 불리었다. 그러나 통칭 홍커우부두라 불리었다.

홍커우부두는 일본우선회사의 부두 중에서 제일 먼저 생긴 것이며, 국제우선이 정박하는 원양 부두였다. 일본총영사관 옆이고, 상하이의 번화가 및 홍커우의 일본인 주거지와 가까워 수많은 일본인들이 이 부두를 이용하였다. 뿐만 아니라, 1919년 3월 마오쩌둥毛澤東이 프랑스로 유학 가는 친구들을 배웅한 곳도, 이듬해 16세의 덩샤오핑鄧小平이 프랑스로 유학을 간 부두도 바로 이 홍커우부두였다. 현재 이 부두는 완전히 없어졌다.

이후 일본우선회사는 홍커우천 동쪽에 있는 후이산부두를 구입하여 확대하였다. 여기서 1923년부터 상하이에서 나가사키長崎로 가는 일화연락선日華連絡船이 운행되었고, 이듬해부터 고베神戸까지 연장되었다. 현재에는 일우중앙부두와 후이산부두 가운데에 있는 상하이 국제여객선터미널에서 상하이와 고베·오사카를 왕복하는 정기 여객선이 다니고 있다.

그렇다면 이봉창과 윤봉길이 일본으로 출발한 부두는 어디인가? 1931년 12월 17일, 이봉창은 프랑스 조계에서 김구와 마지막으로 이별하였다. "차에 올라앉은 이봉창은 머리 숙여 마지막 경례를 하였고,

무정한 차는 한 번 경적 소리를 내고 홍구 방면으로 질주하였다." 이처럼 이봉창은 홍커우 방면으로 가서, 폭탄 2개를 팬츠 안에 걸어 매고 고베로 가는 우선(우편선) 히카와마루氷川丸에 탑승하였다. 이것만으로 부두를 특정하기는 어렵지만, 홍커우의 우선부두, 즉 홍커우부두를 의미하는 것으로 보인다.

이봉창이 홍커우의 우선부두에서 떠나는 광경은 특별히 인상적이었다. 부두에는 이봉창을 배웅하기 위해 많은 사람들이 나와 있었는데, 대부분 이봉창이 상하이에 1년 가까이 있으면서 친하게 지냈던 일본인이었다. 이봉창에게 수류탄을 구해 준 김홍일의 회고에 따르면 환송객 중에는 일본총영사관 경찰서장도 있었다고 한다.

> 이봉창 의사는 상해에 주재하는 일본총영사관의 경찰서장과도 교분이 두터운 사이여서 … 그 일본인 경찰서장은 자기 명함에다 이 의사에 관한 소개장을 써 줄 정도였다. 그 소개장의 수신인은 상해에서 일본으로 들어가는 관문인 그 장기(長崎, 나가사키) 경찰서장으로 되어

일본영사관과 윤선이 정박 중인 홍커우부두

있었는데, 그 소개장에 적힌 내용인즉 "동경으로 유학 가는 착실한 청년이니 귀하께서 잘 인도해 주라"는 것이었다 … 그런데 이 의사의 거사 이후 들려온 소식에 의하면 예의 그 소개장을 써 준 상해의 일본 경찰서장은 즉시 파면되어 일본으로 돌아간 뒤 곧 자살했다는 것이다. (김홍일, 1972, 274쪽)

한편 1932년 4월 29일, 윤봉길은 의거 이후 홍커우공원 맞은편에 있는 상하이 제1헌병 분대에 유치되었다가, 다시 양수푸楊樹浦에 있는 상하이 파견군 헌병대 본부로 이감되었고, 그해 11월 18일 일본 우선 다이요마루大洋丸에 실려 고베로 이송되었다. 그도 우선으로 압송되었으니, 홍커우부두나 후이산부두 등 우선부두에서 출발했을 것이다.

후이산부두 동쪽에는 일본 부두들이 연접해 있었다. 바로 옆에 오사카상선회사 전용부두인 양수푸부두, 남만철도주식회사 전용 화물부두였던 황푸黃浦부두가 있었다. 그 옆에 현재 황푸강 유람선을 탈 수 있는 친황다오秦皇島부두가 있다.

김구와 타이구부두

1919년 4월 13일경 김구가 처음으로 상하이에 들어온 부두는 어디인가? 『백범일지』에서는 상하이 상륙에 대해 상·하권에 두 번 언급하고 있는데, 자세히 읽어 보면 이상한 점을 발견할 수 있다. 기존의 주해본에서는 이 부분을 얼버무려 그 단서를 포착하기 힘들다. 상권의 원문을 보면 아래와 같다.

안동현安東縣에 엇던 여관에서 변성명變姓名하고 소미상小米商으로 표방標榜하고, 7일을 경과하야 이륭양행怡隆洋行 배를 타고 상해를[로] 출발하엿다. 황해안을 경과할 시에 일본 경비선이 나팔을 불고 따라오며 정륜停輪을 요하나, 영국인 선장[조지 쇼George L. Shaw]은 들은 체도 아니하고 전속력으로 경비구역을 지내여, 4일 후에 무사히 포동浦東 마두(碼頭, 부두)에 하정(下碇, 정박)하였다. 동선同船 동지는 합 15명이였다. 안동현에서는 아즉 빙괴氷塊가 첩첩疊疊이 싸인 것을 보고, 황포黃浦 마두(碼頭, 부두)에 나리며 바라본즉 녹음綠陰이 욱어젓다. (『정본 백범일지』363~364쪽, [ ]는 필자)

언급된 바와 같이 김구는 신의주 건너편에 있는 중국 안둥(安東, 현 단둥)에서 영국인 조지 쇼가 선장인 이룽怡隆양행의 윤선輪船을 타고 상하이에 왔다. 그런데 여기서 주목할 점은 김구가 상하이에서 내린 부두를 두 군데로 언급한 것이다. 즉 "무사히 포동浦東마두(부두)에 정박하였다" 하고는, 다시 "황포黃浦마두에 내리며 보니 녹음이 욱어졌다"는 것이다. 하권의 기록도 상권과 차이가 없다. 좀 더 자세할 뿐이다.

안동현에서 기미(己未[1919년]) 2월[음] 일日 영상인英商人 솔지[조지 쇼 George L. Shaw]의 윤선輪船을 타고, 15인 동행들과 갖이 4일 항정航程을 종료하고, 상해 포동부두(浦東 碼頭)에 하정(下碇, 정박)하엿다. 등륙쯀 陸코저할 제 안렴眼簾[눈]에 선뜻 드러오는 것 군裙[치마]도 착着지 안은 여자들이 삼판선(三板船: 나룻배) 노을 것으면서 객인客人들을 도운渡運 한다. 불조계佛租界의[에] 등륙登陸하니, 안동현에서 승선할 시는 빙괴氷 塊가 싸힌 것을 보앗는데, 이곳此地 도로가馬路街 가로수生樹에는 녹음綠 陰이 욱어지고 … (『정본 백범일지』 377쪽, ( )는 원문, [ ]는 필자)

김구는 안동에서 4일간 배를 타고 와 상하이에 도착하였다고 밝혔다. 김구가 상하이에 도착한 정확한 날짜는 알 수 없지만 1919년 4월 13일경으로 추정된다. 그렇다면 안동에서 출발한 날짜는 4월이며, 음력으로는 2월이 아니라 3월이 타당하다(당시 음력 3월 1일이 양력 4월 1일).

아무튼 하권에서도 김구가 타고 온 윤선은 "푸둥부두"에 정박하였다는데, 김구가 육지에 상륙한 곳은 반대편인 와이탄의 프랑스 조계지이다. 그리고 그 사이에 여자 뱃사공이 노를 젓는 작은 삼판선을 언급하고 있다. 이 세 가지는 서로 어떻게 연결되는 것인가?

확실한 것은 김구가 조지 쇼의 이룽양행 윤선을 타고 상하이에 왔다는 사실이다. 쇼가 경영하던 이룽양행은, 홍콩에 본사를 두고 중국과 동남아를 잇는 여객 겸용 화물선을 여러 척 소유한 영국계 해운재벌 타이구太古윤선공사의 안동대리점을 겸하고 있었다. 즉 김구가 안둥에서 타고 온 배는 타이구윤선공사의 윤선이다. 당시 타이구부두에 정박 중인 운선의 모습으로는 'PS Pekin'의 사진이 남아 있다.

그런데 타이구윤선공사는 상하이 황푸강에 전용부두가 푸둥에 세

와이탄 타이구부두에 정박 중인 윤선 'PS Pekin' ⓒ 상하이당안관

곳, 와이탄에 하나, 모두 네 군데나 있었다. 푸둥에는 위로부터 타이구부두, 약간 아래의 타이구화퉁太古華通부두, 더 아래에는 란옌청藍煙窓부두가 있었다.

김구가 탄 타이구윤선이 정박했다는 "포동부두"는 부두 이름의 고유명사가 아니라 '푸둥'에 있는 '타이구'부두라는 의미로 보인다. 앞서 언급한 바와 같이 푸둥에는 타이구부두가 세 곳이나 있었는데, 가장 위에 있는 부두를 타이구의 '푸둥부두'라고도 불렀다. 김구가 타고 온 타이구윤선이 정박한 곳도 이 부두로 추측된다.

이 일대는 중화인민공화국이 수립된 1949년 이후에도 오랫동안 매우 한적한 곳이었지만, 현재는 둥팡밍주탑에서 상하이타워 사이 푸둥

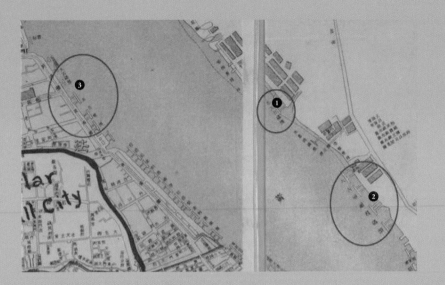

1913년 지도에 표시된 황푸강 타이구부두 세 곳 ⓒ상하이당안관
푸둥에 ① 타이구부두와 ② 타이구화퉁부두, 와이탄에 ③ 타이구부두가 있다.
타이구화퉁부두는 둥창루부두로 이름이 바뀌어 현재에도 있다. 둥창루부두 바로 아래 윤도광장이 있다.
(현재 위치는 아래 현대 지도 참조)

현재 지도에서 타이구부두 위치와 주변
① 둥팡밍주탑 ② 상하이타워 ③ 첸단국제빌딩 ④ 시티은행 상하이지점 ⑤ 푸둥 타이구부두
⑥ 둥창루부두 ⑦ 윤도광장 ⑧ 황푸강유람선터미널 ⑨ 타이구양행대루 ⑩ 스류푸부두 전망대 ⑪ 스류푸부두

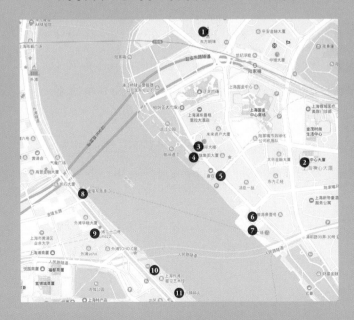

둥팡밍주탑(왼쪽 화살표)에서 상하이타워(오른쪽 화살표) 사이가 푸둥 지구 최고 번화가이다.
황금색 건물이 첸단震旦국제빌딩, 그 옆에 시티은행 상하이지점이 있고,
그 오른쪽으로 둥창루부두와 윤도광장이 있다. ⓒ 도진순

지구 최고 번화가로 천지개벽이 되었다. 타이구의 푸둥부두는 이곳 화
위안스차오花園石橋로 일대에 있었다. 여기서 남쪽으로 더 가면 타이구
화퉁부두가 있었는데, 둥창루東昌路부두로 이름이 바뀌어 현재에도 남
아 있다.

1919년 당시 이곳에서는 번화가인 와이탄에 가기 위해서 작은 나
룻배인 삼판선으로 황푸강을 횡단하는데, 이것은 '윤도輪渡'라고 한다.
현재에도 둥창루부두 남쪽에는 윤도선 선착장과 윤도광장이 있다. 김
구가 "치마도 입지 않은 여자들이 삼판선 노를 저어 손님들을 배로 실
어 나른다"고 한 것은 바로 황푸강을 횡단하는 윤도를 언급한 것이다.

김구 일행도 윤선으로 타이구의 푸둥부두에 와서 육지에 상륙하지

황푸강을 윤도하는 삼판선 ⓒ상하이당안관

않고, 부두에서 여자 뱃사공이 노를 젓는 삼판선을 타고 황푸강을 횡단하여 와이탄으로 갔던 것으로 보인다. 와이탄의 상륙 지점을 『백범일지』 상권에서는 "황포부두"라 하였고, 하권에서는 "불조계佛租界"라 하였다. "포동부두"가 그러하듯이 "황포부두"도 부두 이름이 아니라 황푸강에 있는 부두라는 의미로 보이며, 따라서 부두를 특정하기 위해서는 '와이탄 프랑스 조계'라는 사실이 중요하다.

앞서 언급한 바와 같이 와이탄 프랑스 조계에도 타이구 전용부두인 타이구부두가 있었다. 바로 이곳이 김구가 상륙한 곳으로 보인다. 1920년대 와이탄 타이구부두의 번화한 모습이 사진으로 남아 있고, 인근에 있었던 타이구양행대루太古洋行大樓 건물은 현재에도 남아 있다. 타이구양행대루는 1906년 지하 1층 지상 4층으로 건립되었으니,

타이구양행대루: 1906년 건립 당시(위)와 현재 모습(아래)

1920년대 와이탄 프랑스 조계 타이구부두의 번화한 모습.
가운데 깃발 휘날리는 건물(박스 표시)이 타이구양행대루이다. ⓒ상하이당안관

현재의 스류푸수상유水上海중심, 전망대에서도 타이구양행대루(화살표 표시)가 보인다. ⓒ도진순

1919년 4월 와이탄 타이구부두에 상륙한 김구도 이 건물을 보았을 것이다. 타이구양행대루는 1986년 5층으로 증축되었으며, 현재 '와이탄 22호' 건물로 불리며 상하이시 우수역사건축으로 지정되어 있다. 타이구양행대루 인근 스류푸十六浦에는 부두와 황푸강 유람선 선착장이 있다. 스류푸부두 전망대에서도 타이구양행대루 건물이 보인다.

요약하면 1919년 4월 김구는 조지 쇼의 이룽양행 윤선을 타고 상하이 푸둥 타이구부두에서 내렸으며, 이곳에서 다시 여자 뱃사공의 삼판선을 타고 황푸강을 건너 와이탄 스류푸 근방의 타이구부두에 내린 것으로 보인다.

상하이 제1의 관광코스는 단연 황푸강 유람선 투어이다. 와이탄 남단의 스류푸 유람선 선착장이나, 양푸구의 친황다오 유람선 선착장에서 황푸강 유람선을 타면, 와이탄과 푸둥의 화려한 경관을 감상할 수 있다. 그런데 이 화려한 제국의 식민 유적과 현대 중국의 휘황찬란한 풍경의 곳곳에 반일 · 반제의 독립운동의 흔적이 보석처럼 남아 있다. 김구가 내린 푸둥과 와이탄의 타이구부두, 윤봉길과 이봉창이 일본으로 간 베이와이탄의 홍커우부두, 그리고 일본대사관, 미국대사관, 영국대사관 등등.

쇼킨은행
상하이우정총국과

근대적 개혁을 위한 갑신정변甲申政變이 우정국郵政局 낙성식 기념 연회에서 일어났듯이, 우정郵政은 근대의 상징이다. 상하이에서는 1861년 영국이 조계에 우정국을 지으면서 근대 우정이 시작되었는데, 그 이후 업무가 대대적으로 확충되어 1924년 공공조계에 상하이우정총국대루上海郵政總局大樓가 건립되었다. 베이와이탄의 일본·미국·러시아 영사관에서는 서쪽으로 이어지는 베이쑤저우北蘇州로 276호에 있다. 이 상하이우정총국 건물은 김구의 상하이 활동과 관련이 있는 곳이다. 또한 영국영사관이 있는 와이탄위안의 남쪽에 중국공상은행中國工商銀行 상하이 지점 건물이 있는데 1945년 이전에는 요코하마쇼킨은행橫浜正金

銀行 상하이지점이었다. 이 건물 역시 김구 및 이봉창의 의거와
관련 깊은 곳으로 눈여겨볼 만한 곳이다.

상하이우정총국

　　상하이우정총국 건물은 건립 직후부터 '동아시아 제1의 빌딩'
으로 불리며 상하이의 상징이 되었으며, 중국의 '전국중점문물보호단
위'로 지정되어 있다. 현재 이 건물은 상하이우정박물관으로 사용되
고 있는데 일부 공간은 상하이 쓰촨루차오 우정지국四川路橋 郵政支局으
로 운영되고 있다. 건물의 멋진 시계탑에는 마오쩌둥 친필의 '인민우
전人民郵電' 네 글자가 붉은 글씨로, 출구 위에는 장쩌민江澤民 친필의 '상
해우정박물관上海郵政博物館' 일곱 글자가 금색으로 빛나고 있다. 박물관
안에는 저우언라이가 쓴 '전우만리 국맥소계(傳郵萬里 國脈所繫)'라
는 유묵이 걸려 있다.

　　유서 깊은 상하이의 명물 우정총국빌딩은 김구와도 각별한 인연이
있다. 이봉창·윤봉길의 의거가 여기에서 비롯되었다고 해도 과언이
아니니, 상하이의 대한민국임시정부 또한 이 건물을 통해 활로를 얻었
다고 할 수 있다. 그 사연은 이러하다.

　　1920년대 후반 임시정부는 무정부 상태나 마찬가지로 위축되었다.
1926년 12월 김구가 임시정부의 수반인 국무령이 되었고, 이후 그는
임시정부를 활성화시키기 위해 골몰하면서 열혈 청년에 의한 의열 투

쑤저우허 건너 상하이우정총국대루, 베이쑤저우로 276호

쟁을 모색하게 되는데, 이를 위해서는 무엇보다 먼저 자금이 필요했
다. 이에 김구가 채택한 것은 해외 동포들에게 편지로 후원을 요청하
는 이른바 '편지정책'이었다. 그 결과로 미주·하와이·멕시코·쿠바의
동포들이 보내 주는 후원금이 답지하였는데, 김구가 얼마나 감격했는
지 『백범일지』에는 후원자 30여 명의 실명이 일일이 기록되어 있다.

그 자금은 대부분 우편환으로 송금한 것이었으니, 미주·하와이·
멕시코·쿠바의 동포들이 보내 주는 후원금이 상하이에 답지할 수 있
었던 것은 근대적 우편 체제 덕분이었다. 해외 동포들의 후원금이 머

나먼 바다를 건너 도착한 곳이 바로 상하이우정총국이었다. 당시 우정총국은 공공조계에 있었기 때문에 후원금을 수령하는 것도 쉬운 일이 아니었다. 김구가 직접 수령할 수는 없었고, 대리인을 파견하여 찾아야 했다. 임시정부 초기에는 피치 목사가 수령해서 독립운동가들에게 전달한 사실도 있다. 이 상하이우정총국을 통해 들어온 자금으로 김구는 이봉창·윤봉길의 의거를 기획하여 성사시킬 수 있었고, 이를 통해 임시정부도 활로를 찾을 수 있었다.

요코하마쇼킨은행 상하이지점

와이탄위안에는 15동의 '우수역사건축'이 있다. 와이탄위안의 북쪽 시작점이 영국영사관과 황푸공원이라면, 남쪽 끝에는 1934년 건립된 17층의 고층 건물이 있는데, 현재 중국은행빌딩으로 사용되고 있다. 바로 그 옆 북측에 이보다 10년 전에 지어진 6층의 중국공상은행中國工商銀行 상하이지점이 있다. 중국공산은행 건물은 중국은행건물보다 11층이나 낮지만 "웅장하고 화려하며 당당한富麗堂皇 非常的大氣" 모습으로 알려져 있다.

이 건물은 1945년 이전에는 요코하마쇼킨은행 상하이지점이었다. 1931년 12월 28일, 김구는 이 은행을 통해 도쿄의 이봉창에게 거사 자금을 보냈으며, 그로부터 10일 후인 1월 8일 이봉창은 도쿄 사쿠라다몬 부근에서 히로히토 천황을 겨냥하여 수류탄을 던졌다. 상하이우정총국을 통해 이봉창 의거의 거사 자금이 마련되었다면, 쇼킨은행 상하이지점을 통해 거사 자금이 도쿄로 송금되었던 것이다.

1945년 이전(145쪽 상단 왼쪽 사진)과 현재 사진(145쪽 상단 오른쪽 사진)을 비교하면, 'THE YOKOHAMA SPECIE LIMITED'라는 은행명은 'ICBC중국공산은행中國工商銀行'으로, 건물 옥상의 일장기는 오성홍기로 바뀌었다. 이 건물에 부착되어 있는 '우수역사건축' 안내 석판은 건물의 특성을 아래와 같이 설명하였다.

> 요코하마쇼킨은행 건물인데 … 1923~1924년 건립되었다. 신고전주의 양식이며, 정면은 3단으로 되어 있는데, 가운데 4개 층은 이오니아 양식의 거대한 기둥이 있다. 부분적으로 일본 사무라이武士와 보살菩薩 장식이 있다.

안내 석판의 설명과 같이 이 건물은 1층, 2~5층, 6층 3단으로 되어 있고, 중간의 2~5층의 네 개 층을 관통하는 이오니아 양식의 거대한 기둥 2개가 있다.

현재 건물은 1924년 건립된 원형 그대로이지만, 부분적으로 훼손되어 있다. 이오니아 기둥 위쪽 가운데 □부분과, 1~2층 사이 창틀 장식 부분에 있는 ○부분의 조각상이 훼손되어 있다. □부분은 완전 훼손되어 원래의 모양을 알 수 없지만, ○부분은 일본 보살상인 것을 확인할 수 있다. 그리하여 안내 석판에서 "일본 사무라이와 보살 장식이 있다"고 한 것이다.

요코하마쇼킨은행 상하이지점(왼쪽), 중국공산은행 상하이지점(오른쪽)

중국공산은행 상하이지점 2층과 3층 사이
○지점의 훼손된 조각상

이렇게 건물의 주요 장식이 훼손된 것은 요코하마쇼킨은행의 금융 수탈에 대한 중국 인민들의 항거의 표징일 것이다. 쇼킨은행은 1880년 요코하마에서 창립되어, 청일전쟁 1년 전인 1893년에 이미 상하이에 진출하였다. 이후 1945년 일본이 패전하기까지 쇼킨은행은 일본 군국주의 집단이 중국 금융을 통제·지배하는 중추 기관이었다. 한편 김구는 이 은행을 통해 1931년 12월 28일 도쿄의 이봉창에게 거사 자금을 송금하였다.

이봉창의 '영원한 쾌락'

이봉창이 없으면 윤봉길이 없었고, 이봉창과 윤봉길이 없었으면 김구도 없었다, 아니 임시정부가 무너졌다고 할 수 있다. 그런데 이봉창과 윤봉길은 사뭇 대조적이다. 이봉창은 평소 술을 즐겼고, 윤봉길은 술을 삼갔다. 이봉창은 돈이 모자란다고 송금을 부탁했고, 윤봉길은 남은 잔돈까지 털어 김구에게 건넸다. 이봉창이 사회 밑바닥에서 일했던 노동자라면, 윤봉길은 어려서부터 한시에 능통했던 선비의 풍모가 완연했다. 사회 밑바닥 인생의 이봉창이 지닌 진가를 알아본 사람이 김구였다. 그러니 이봉창이 없으면 김구가 없었다는 말과 같이, 김구가 없었으면 독립운동가 이봉창도 없었을 것이다.

1931년 1월 초, 김구와 이봉창이 만나는 장면부터 매우 극적이다. 처음 만났을 때 이봉창은 '말에 절반은 일어이고, 동작 또한 일본인과 흡사'하여 쉬이 신뢰할 수 있는 사람은 아닌 듯이 보였다. 그런데도 김구는, "당신들은 독립운동을 한다면서 일본 천황을 왜 못 죽입니까?"라는 이봉창의 객기 어린 주담酒談에 주목하였다. 그날 밤, 김구가 이봉창이 묵고 있는 여관을 조용히 방문하여 흉금을 열고 피차의 속마음을 털어놓을 때 이봉창은 자신의 포부를 이렇게 밝혔다.

> 제 나이가 31세입니다. 앞으로 다시 31년을 더 산다 해도 과거 반생에서 맛본 방랑생활에 비한다면 늙은 생활에 무슨 취미가 있겠습니까? 인생의 목적이 쾌락이라면 31년 동안 인생의 쾌락은 대강 맛보았습니다. 그런 까닭에 이제는 영원한 쾌락을 얻기 위하여 우리 독립사업에 헌신하고자 상해에 왔습니다. (『백범일지』)

독립운동가 중에서도 이렇게 순박하게 고백할 수 있는 사람이 또 있을까? 하루살이와 같은 밑바닥 생활을 해 본 이봉창이기에 가능할 것이다. 상놈 출신인 김구는 "이씨의 위대한 인생관을 보고 감동의 눈물이 벅차오름을 금할 길이 없었다"면서 바로 이해했다.

이후 이봉창은 일본인 기노시타 쇼조木下昌藏로 행세하며 김구의 지시를 기다린다. 그는 종종 술과 고기, 국수를 사 가지고 민단 사무실에 와서 민단 직원들과 술을 마시면서 취하면 곧장 일본 노래를 유창하게 부르며 호방하게 놀았다. 이로 인해 이봉창은 '일본영감'이란 별명을 얻게 되었다. 김구는 다른 임정 요인들로부터 조선인인지 일본인인지 분간하기 어려운 '혐의인물嫌疑人物'을 임시정부 문안에 출입케 한다는 질책을 받기도 하였다.

김구가 이봉창을 만난 지 1년 가까이 되는 1931년 12월, 김구와 이봉창은 구체적인 거사 준비를 실천하게 된다. 12월 13일 밤늦게 이봉창은 김구와 함께 안공근의 집에서 선서식을 하였다. 이봉창은 김구를 만나 거사를 협의하기 위해 신톈샹리의 안공근 집에 여러 번 출입하였다. 이듬해 봄 윤봉길도 이 안공근의 집에서 사진을 찍기 때문에, 안공근의 집은 역사적인 장소이다. 당시 주소로는 헝칭리恒慶里 4가 20호인데, 아쉽게도 현재는 도로로 편입되어 없어졌다.

이봉창은 안공근의 집에서 선서식을 하고, 샤페이로 309호에 있는 '백제맨션'이라는 사진관으로 가서 사진을 찍었다. 수류탄을 들고 씩 웃고 있는 모습도 역시 이봉창이니 가능했을 것이다. 이어서 이봉창은 김구와 같이 이별의 기념사진을 찍는데, 이때 김구가 처연한 기색을 보이자 "저는 영원한 쾌락을 향유코자 이 길을 떠나는 터이니 우리 두

안공근의 집터: 헝칭리(신톈샹리) 20호, "黃陂南路 863弄"이라 쓰인 건물 왼쪽인데 도로로 편입되어 없어졌다. ⓒ김용달

사람이 기쁜 얼굴로 사진을 찍으십시다" 하여, 김구도 '억지로 미소 띤 얼굴을 하고 사진을 찍었다'고 한다. 눈물겨운 모습이다.

이날 김구는 이봉창과 하룻밤을 같이 자면서 거사를 의논하고, 이튿날 헤어지면서 품속에서 지폐 한 뭉치를 꺼내 주며 일본행 준비를 다 해 놓고 다시 오라 하였다.

12월 15일, 두 사람은 상하이에서 마지막 밤을 같이 보냈다. 이날 밤, 이봉창은 김구에게 이렇게 말했다고 한다.

> 그저께 같이 자면서 하시는 말씀은 일종의 훈화로 들었는데, 작별하시면서 생각지도 못한 돈뭉치까지 주시니 뭐라고 말을 못 하겠더이다. 불란서 조계에서 한 걸음도 나서지 못하시는 선생께서는, 제가 이 돈을 가지고 가서 마음대로 써 버리더라도 돈을 찾으러 못 오실 터이지요. 과연 영웅의 도량이로소이다. 제 일생에 이런 신임을 받은 것은 선생께 처음이요 마지막입니다. (『백범일지』)

이날 밤 김구는 이봉창에게 수류탄 두 개를 전해 주었다. 하나는 왕웅王雄이란 가명을 쓰던 김홍일金弘壹을 시켜 상하이병공창兵工廠에서 구입하였고, 다른 하나는 김현金鉉을 시켜 허난성의 류즈劉峙 장군에게서 구입한 것이었다. 하나는 일본 천황을 폭살하는 데, 다른 하나는 자살용으로 사용하게 하였다고 한다.

12월 17일, 프랑스 조계 안에서 김구와 이봉창은 영영 이별하였다. 그날 이봉창은 홍커우의 일본우선부두에서 일본인들의 배웅을 받으면서 우편선 히카와마루氷川丸를 타고 고베神戸로 출발하였다.

도쿄 아사쿠사의 이봉창

12월 19일 밤 8시, 이봉창은 고베에 도착하였다. 그가 일본에서 상하이로 떠난 지 1년 1개월 만이었다. 이봉창은 오사카大阪에서 사흘을 보내고, 22일 도쿄東京에 가서 아사쿠사淺草구 오와리야尾張屋 여관에 투숙하였다. 24일은 크리스마스이브, 이날 도쿄의 아사쿠사에서 그가 상하이의 김구에게 보낸 서신이 남아 있다.

편지 봉투에서 '奉昌第一信(봉창제일신)'은 김구의 친필이다. '제일신'이라 표현한 것은 이후 이봉창 의사로부터 또 서신이나 전보를 받았기 때문이다. 주소란에는 '東京 淺草(도쿄 아사쿠사)/ K. S. 拜書(배서)'라 하고 '糊(봉할 호)'자로 마무리하여, 발신자의 주소와 이름을 노출하지 않았다. '도쿄 아사쿠사'는 이봉창의 숙소인 오와리야 여관이 있는 장소이며, 'K. S.'는 이봉창의 일본 이름 '기노시타 쇼조'의 영문 머리글자이다.

편지봉투의 우표를 보면 상단에 '大日本帝國郵便(대일본제국우편)'이라는 글씨와 국화문양이 있는 3전짜리 우표이다. 영문 SN도 전(錢, Sen)을 의미한다. 우표와 엽서의 경계면에 찍힌 둥근 도장에는 '6. 12. 24'가 있어 소화昭和 6년(1931년) 12월 24일 보낸 것임을 알 수 있다.

수신자의 주소와 이름은 '中華民國 上海 法界(중화민국 상하이 법계)/

이봉창 서신-겉봉1

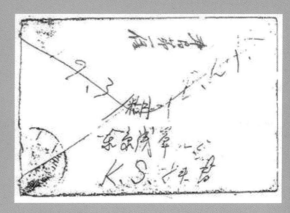

이봉창 서신-겉봉2

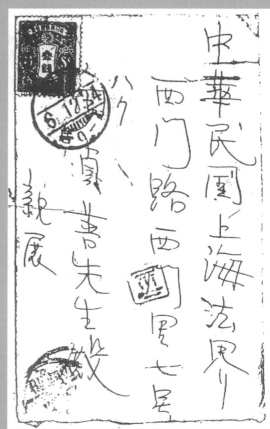

이봉창 서신의 우표

西門路 西門里 七号(시먼로 시먼리 7호)/ 白貞善 先生 殿(백정선 선생 전)/ 親展(친전)'이라 되어 있다. 수신자에 착오가 생기지 않게 성씨 백白옆에는 일본어 음독 '하쿠(ハク)'를 병기하였으며, 백 선생 본인만이 개봉해야 한다는 의미로 '친전'이라 기재하였다.

백정선은 물론 김구의 가명이다. 그렇다면 김구(백정선)의 주소지인 시먼西門로 시먼西門리 7호는 지금 남아 있는가? 시먼로 시먼리는 마당馬當로와 단수이淡水로 사이의 쯔중自忠로에 있었다. 마랑로의 임시정부 청사 건물과도 아주 가까운 곳이지만, 현재의 모습은 완전히 바뀌어 있다.

봉투 안에 있는 이봉창 서신은 한문이 많은 고어체 일본어를 흘려 쓴 것이다. 매우 중요한 자료이므로 초서로 된 원문을 탈초하고 번역하면 아래와 같다.

拝啓、酷寒之候、益々御健壮の呈、奉賀上候。」却て、小生在上海中義、多大なる御後援に預り」居候處、帰京早々御無心申上候。甚だ」申訳けこれなく幾重にも御詫び申上候。何卒、」賢明なる先生の御理解の上、御容恕下され度、」御願申上候。実は小生帰阪の際、友人」等と少しのみすぎし為め、上京早々御無心」申上候次第で御坐候間、平に御容し下され」度、乍然ら物品の方は確に来月中に賣れ」る見込、これあり候間、何卒御安心下され」度、又物品賣捌之時は先以つて電報にて御R報せ申上候間、御待下され度、皆々様にも」宜敷しく申上げ下され度、申述べたき事、山々」御坐候へ共、後日と

2019 북이십일 도서목록

- 홈페이지 www.book21.com
- 도서 구입 문의 031-955-2100
- 저자 강연 문의 031-955-2723

전승환 지음 | 값15,300원

라이언, 내 곁에 있어줘

2019년 **라이언**이 주는
가장 **확실한 행복**

#라확행

출간 즉시 베스트셀러!

"내가 좋아하는 이야기부터 하나씩 시작해볼게.
이젠 나를 읽어줘."

arte 소설

책을 지키려는 고양이
나쓰카와 소스케 장편소설 | 이선희 옮김 | 14,000원

책을 좋아하는 모든 이에게 묻는다.
"책이 정말 세상을 바꿀 수 있다고 생각해?"

이 세상의 책을 구하러 떠난 한 사람과 한 마리의 기묘한 모험!
돈 이야기는 그만두고 오늘 읽은 책 이야기를 합시다!

보기왕이 온다
사와무라 이치 장편소설 | 이선희 옮김 | 값 14,000원

제22회 일본 호러소설대상 대상 수상작
"그것이 오면 절대로 대답하거나 안에 들여선 안 돼!"

행복한 신혼부부 히데키와 가나의 집에 정체를 알 수 없는 괴물 '보기왕'이 찾아온
다. 대답을 해서도, 문을 열어서도 안 된다. 평범한 현실 속 뒤틀린 인간 심리를 건드
리는 메타 호러의 걸작. 숨도 쉴 수 없는 극한의 공포가 온다!

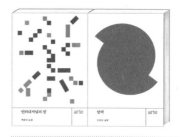

손안의 가장 큰 세계
아르테 한국 소설선 '작은책'
인터내셔널의 밤 | 박솔뫼 소설 | 값 10,000원
안락 | 은모든 소설 | 값 10,000원

가볍게 지니지만 무겁게 나누며
오래 기억될 소설

곰탕 1~2
김영탁 장편소설 | 각 13,000원

'가장 돌아가고 싶은 그때로의 여행이 시작되었다.'
〈헬로우 고스트〉〈슬로우 비디오〉 영화감독 김영탁 장편소설

가까운 미래에 시간 여행이 가능해진다.
하지만, 그 여행은 목숨을 걸어야 할 만큼 위험했다.

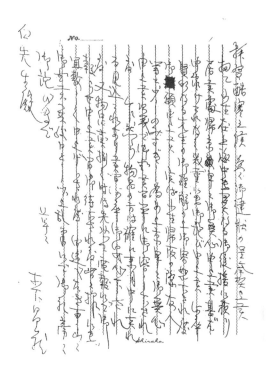

し、以上亂筆にて御礼旁々」御詫びまで 草々」

木下昌藏」白先生殿(」는 줄 바꿈 표시, 필자)

혹한의 날씨에 더욱 건강하시길 기원하면서 인사 올립니다. 제가 상하이에 있을 때 많이 후원해 주셨는데, 도쿄에 오자마자 돈이 떨어져 죄송합니다. 부디 현명하신 선생님의 이해로 용서해 주시기 바랍니다. 사실은 제가 오사카에 와서 친구들과 술을 많이 마셨기 때문에, 도쿄에 올라오자마자 돈이 떨어져 부탁드리니, 부디 승낙하여 주십시오.

물건은 확실히 다음 달 중에 팔 예정이니 안심하십시오. 또 물건을 파는 시간은 정해지면 먼저 전보로서 보고드릴 것이니 기다려 주십시오. 여러분들에게도 안부 부탁드립니다. 드릴 말씀이 산같이 많으나 후일을 기약하고, 감사와 사죄의 말씀을 올리며 줄입니다.

김구의 송금과 영수증

이봉창 의사의 이러한 요구에 따라 김구가 돈을 보낸 영수증이 남아 있다. 1931년 12월 28일(①), The Yokohama Specie Bank(橫濱正金銀行) 상하이지점(上海分行)의 Manager 대리(P.P.: per procurationem)(④)가 백정선 님(白貞善殿: 김구)(②)께 발급한 영수증이다.

내용은 ③에 언급되어 있다. "백정선의 요청서에 따라 본 은행 도쿄매니저에게 전보를 쳐서 기노시타 쇼조께 100엔을 지급케 한다. 전신비용으로 4.20달러를 받았다"는 것이다.

김구는 이 돈을 송금하고, "쇼킨正金에 100원 보냈다, 백白"이라는 전보를 쳤다. 이봉창은 이 전보를 확인하고, 다음 날 김구에게 "상품은 1월 8일 꼭 팔릴 터이니 안심하시오"라며 거사 날짜를 확정한 전보를 보냈다. 이후 이봉창은 돈을 찾으러 도쿄의 중앙우체국으로 갔으나 돈은 오지 않았다. 이봉창은 김구가 상하이우정총국에서 전보우편환을 통해 돈을 찾듯이, 우체국의 전보우편함으로 송금했을 것이라고 생각하였던 것이다. 돈을 찾지 못한 이봉창은 연말연시를 곤궁 속에서 보내고, 다음 해인 1932년 1월 4일에야 '쇼킨'이 돈을 의미하는 것이 아니라 은행 이름이라는 것을 알게 되었다. 그 길로 그는 니혼바시日本橋 구 무로마치室町의 쇼킨은행 지점에 가서 드디어 100엔을 찾았다(배경식, 2008, 202~204쪽).

그러고는 김구에게 답신을 보냈다.

> 돈을 미친 것처럼 다 써 버려서 주인댁에 밥값까지 빚이 져 있었는데, 200원을 받아 다 갚고도 돈이 남겠습니다. (『백범일지』)

요코하마쇼킨은행 상하이지점에서
김구에게 발급한 영수증(1931.12.28.)

『백범일지』에서는 이봉창이 받은 돈이 200원이라 하여, 쇼킨은행 영수증의 100엔과는 차이가 있다. 당시 환율의 차이인지도 모르겠다. 돈을 찾고 난 4일 후인 1월 8일, 이봉창은 사쿠라다몬에서 천황을 향해 수류탄을 던졌다.

영원한 이별, 다시 돌아온 현장

상하이에서 김구와 윤봉길

1931년 5월 8일 윤봉길은 우쑹항구吳淞港口를 통해 상하이에 들어왔다. 충청남도 예산군 덕산면 시량리의 고향 집을 나선 지 14개월 만이었다. 그는 집을 나설 때 부모님이나 아내, 그 누구에게도 행로를 밝히지 않았다. 다만 "장부가 뜻을 품고 집을 나서면 살아 돌아오지 않는다(丈夫出家生不還)"는 비장한 시구 한 구절만 남겼을 뿐이었다.

그가 유서처럼 남긴 이력서에 의하면, 1930년 "23세"로, "나의 철권으로 적을 부수려"고, "사랑스러운 부모형제와 젊은 아내와 사랑하는 자식들과 따뜻한 고향산천을 버리고 쓰라린 가슴을 부여잡고 압록강을 건너", 1931년 "상하이로" 건너왔다. 상하이에서 그는 프랑스 조계 안의 쫑핀鬃品공사 직원으로 일하기도 했으며, 1932년 3월부터는 공공조계인 홍커우에서 채소 장사도 하였다. 당시 그는 임시정부청사와 가까운 마랑로 푸칭리에 살고 있었다.

쓰하이차관: 첫 대면과 성공 예감

1932년 4월 20일, 윤봉길은 임시정부청사 및 자신의 숙소와 가까운 찻집 쓰하이차관四海茶館에서 김구와 만났다. 김구와 윤봉길이 만난 쓰하이차관은 쯔중自忠로와 싱예興業로의 교차지점에 있었는데, 현재는 완전히 변하여 '화푸톈디華府天地'라는 쇼핑몰이 자리하고 있다. 이 쓰하이차관에서 김구를 만난 윤봉길은 "채소바구니를 등 뒤에 메고 날마다 홍커우 방면으로 다니는 것"은 "큰 뜻을 품고 천신만고 끝에 상하이에 온 목적을 달성하기 위해서"라고 밝히면서, 이봉창의 도쿄 의거와 같은 "마땅히 죽을 자리"를 마련해 달라고 부탁했다.

이에 김구는 4월 29일 홍커우공원에서 일본 천황의 생일을 축하하는 '천장절天長節 경축식'이 열리는데, 여기에서 의거를 단행할 것을 제안하였다. 윤봉길은 쾌히 응낙하며 "저는 이제부터 가슴에 한 점 번민이 없어지고 마음이 편안해집니다. 준비해 주십시오"라고 말하고 자기 숙소로 돌아갔다고 한다. 4월 29일 거사 당일 아침, 김구는 4월 20일 거사를 처음 논의할 때 윤봉길의 이 말을 듣고 거사의 성공을 예감

쓰하이차관 자리의 화푸톈디 쇼핑몰

하였다고 밝혔다.

나는 이번 거사가 확실히 성공할 것을 미리 알고 있소. 군이 일전에 하던 말씀 중 "이제는 가슴의 번민이 그치고 편안해진다"는 것은 성공의 확실한 증거라 믿소. 돌이켜보면 내가 치하포에서 쓰치다土田讓亮를 죽이려 했을 때 가슴이 몹시 울렁거렸지만, 고능선 선생이 가르쳐 주신 '득수반지무족기 현애살수장부아(得樹攀枝無足奇, 懸崖撒手丈夫兒, 가지 잡고 나무를 오르는 것은 대단한 일이 아니지만, 벼랑에서 매달려 잡은 손을 놓는 것이 가히 장부라 할 수 있다)'란 구절을 떠올리니 마음이 가라앉았소. 군과 내가 거사하는 심정은 서로 같은 것 아니겠소? (『백범일지』)

김구는 25세의 윤봉길에게 36년 전인 1896년 자신이 21세에 겪은 치하포사건과 비교하면서, 마음의 평정이 거사 성공의 제일 요건이라며 공감을 표시하였다.

사진과 유서 및 유시

4월 20일의 만남 이후 김구와 윤봉길은 자주 만나 거사를 협의하였으며, 4월 26일 윤봉길이 한인애국단에 가입한 이후 거의 매일 만났다. 4월 26일 오전 9시경, 윤봉길은 김구와 함께 안공근의 집으로 가서 한인애국단 선서식을 거행하였다. 이날 날씨가 좋지 않아 사진 촬영은 다음 날로 연기하였다.

4월 27일 오전 9시경, 윤봉길은 안공근 집으로 갔다. 여기서 윤봉길 단신 사진, 26일 자 선언문을 가슴에 걸고 왼손에 수류탄, 오른손에 권총을 들고 태극기를 배경으로 한 사진, 김구와 함께 찍은 사진 등 모두 세 장의 사진을 촬영하였다. 윤봉길이 한인애국단에 가입하고 사진을 촬영한 안공근의 집은 이봉창도 여러 번 김구를 만나 거사를 협의한 역사적인 곳인데, 현재 집은 없어지고 길이 되었다.

『백범일지』에서는 윤봉길이 "날마다 홍커우공원으로 나가 식장 설치하는 것을 살펴보며 거사할 위치를 점검하였다"고 전한다. 4월 27일 사진 촬영 이후 윤봉길은 후일 조선의용대 여전사가 되는 이화림李華林과 함께 부부 행세를 하면서 홍커우공원을 정찰하였다. 그리고 이날 김구의 지시에 따라 숙소를 베이러로 415호에 있는 여관 둥팡공위東方公寓 30호로 옮겼다.

다음 날인 4월 28일 정오, 윤봉길은 김구와 함께 바셴차오의 상하이기독교청년회관YMCA에서 만나 술과 점심을 하면서 거사를 재차 논의하였다. 이 자리에서 김구는 "오늘 홍구공원에서 관병식 예행연습이 있으니까 현장에 가서 보아 두어야 한다"고 말했다. 점심 식사 후 윤봉길은 일본인 상점에 들러 내일 행사에 등장하는 시라카와 요시노리白川義則 대장, 우에타 겐키치植田謙吉 중장 등의 사진과, 행사장에 가지고 갈 일장기를 구입하였다. 그러고는 김홍일과 함께 중국인으로 가장하고 공원 앞 중국집 2층에 올라가 일본군 예행연습을 관찰하였다.

윤봉길은 오후 6시 반쯤에 숙소인 둥팡공위로 돌아왔다. 그가 마지막 저녁을 먹고 상념에 잡혀 있던 중에 김구가 다시 찾아와 이력서와 유서를 작성해 달라고 요청했다. 윤봉길은 2시간 반에 걸쳐 자신의 이력과 김구를 기리는 시, 조국 청년들에게 남기는 시, 두 아들에게 남기는 유서 등 네 편의 글을 연습장에 작성하여 김구에게 전했다. 김구는 이 연습장 표지에 "윤봉길이력尹奉吉履歷"이라 기록하고 해방 후에 가지고 귀국하였다. 이 연습장은 보물 제568-2호로 지정되어 현재 국립중앙박물관에 보관되어 있다.

먼저 「백범선생白凡先生의게」는 아래와 같다.

巍巍靑山兮여 載育萬物이로다

(높고 큰 청산이여, 만물을 품어 기르는도다)

鬱鬱蒼松兮여 不變四時로다

(울울창창한 소나무여, 사시사철 변함이 없도다)

濯濯鳳翔兮여 高飛千仞이로다

(맑고 빛나는 봉황의 날개여, 천 길이나 드높게 날아오르도다)

擧世皆濁兮여 先生獨淸이로다

(온 세상이 모두 흐림이나, 선생만 홀로 맑도다)

老當益壯兮여 先生義氣로다

(늙을수록 더욱 강건해짐이여, 오직 선생의 의기뿐이로다)

臥薪嘗膽兮여 先生赤誠이로다

(원수 갚을 날을 기다림이여, 선생의 붉은 정성이로다)

다음, 윤봉길이 두 아들 모순模淳과 담淡에게 남긴 유서인 「강보襁褓에 싸인 두 병정兵丁에게」는 눈물겨운 바가 있다.

너희도 만일 피가 잇고 뼈가 잇다면 반다시/조선을 위하야 용감한 투사가 되어라/태극太極에 기旗발을 높이 드날리고 나의/빈 무덤 앞헤 차져와 한 잔/술을 부어 노으라/그리고 너희들은 아비 업슴을 슬퍼하/지 말어라 사랑하는 어머니가 잇스니/어머니의 교양敎養으로 성공자(成功者, 성공한 사람)를/ 동서양 역사상 보건대/동양으로 문학가 맹가(孟軻, 맹자)가 잇고/서양으로 불란서 혁명가 나푸레옹/이 잇고 미국에 발명가 에듸손이 잇다/ 바라건대 너의 어머니는 그의 어머니가 되고/ 너의들은 그 사람이 되어라. (/는 원문의 행 구분)

이상 위의 두 글은 김구와 아들 구체적인 대상 인물이 있다. 그런데 윤봉길의 연습장에는 「27일, 신공원에서 답청踏靑하며」라는 시가 남아 있는데, 이것은 사람이 아닌 향기로운 봄풀芳草에 대한 것이었다.

무성한 봄풀들이여(萋萋한 芳草여)

내년에도 봄기운 돌아오거든(明年에 春色이 일으거든)

왕손과 더불어 같이 오게나(王孫으로 더부러 갓저오세)

푸르른 봄풀들이여(靑靑한 芳草여)

내년에도 봄기운 돌아오거든(明年에 春色이 일으거든)

고려(高麗) 강산에도 다녀(단녀)가오

다정(多情)한 봄풀들이여(芳草여)

금년 4월 29일에

방포일성(放砲一聲)으로 맹세(盟誓)하세 [( )는 원문]

의거 이후 윤봉길은 1932년 10월 「자술서」에서 이 유시遺詩에 대해 언급한 바 있다.

상해 신공원의 식장을 미리 조사하러 갔을 때 내가 밟은 잔디가 그대로 일어서지 못하는 것도 있고, 또다시 일어서는 것도 있었다. 그것을 보고 나는 인간도 또한 강한 자로부터 유린되었을 때 이 잔디와 하등

〈신공원을 답청하며〉

〈백범선생의게〉(왼쪽), 〈강보에 싸인 두 병정에게〉(오른쪽)

다름이 없다고 생각하고 대단히 슬픈 감정이 샘솟아 났다. 그 감정을 유서로 썼다. (『매헌윤봉길전집』2, 150쪽)

그러니까 1932년 4월 홍커우공원은 초록의 봄풀 잔디로 가득하였는데, 이 잔디는 윤봉길 의사와 마찬가지로 강한 자로부터 짓밟히는 동료이자, 이에 항거하여 다시 일어서는 동지였던 모양이다. 시의 3연에서 윤봉길이 그런 봄풀 잔디와 더불어 4월 29일 수류탄을 던지는 의거(방포일성, 放砲一聲)를 맹세했다는 것은 그가 풀처럼 아무 가진 것이 없는 약자임과 동시에 끊임없이 살아나는 자연의 천리와 함께한다는 자부의 표현이기도 하여, 자못 그 의미가 심장하다.

그런데 윤봉길은 그가 이미 세상을 떠나고 없을 내년에, 봄풀 방초가 "왕손"과 더불어 조국(고려) 강산에 다녀갈 것임을 간절하게 노래하였다. 중국 남방문학을 대표하는 『초사楚辭』「초은사招隱士」에 "왕손은 가서 돌아오지 않고(王孫遊兮不歸)/ 봄풀만 무성하게 자랐네(春草生兮萋萋)"라는 구절이 있다. 해마다 봄풀은 무성하게 다시 돋아나건만, 한 번 떠난 님(왕손)은 돌아오지 않음을 애석해하는 내용이다. 이후 초록의 봄풀은 떠나간 님에 대한 절절한 그리움으로 회자되었다.

윤봉길이 집을 나간 지 3년간 조국에도 초록의 방초는 어김없이 다시 찾아왔지만, 집 나간 윤봉길은 돌아오지 않았다. 홍커우의거 이후 그는 분명 죽임을 당할 것이고, 이제 영영 조국으로 돌아오지 못할 것이다. 그러나 그가 죽은 이후에도 이국인 홍커우공원에도, 조국의 고향에도 봄풀은 분명 무성할 것이다. 윤봉길은 그의 영혼이 이 초록의 방초와 더불어 집 나간 그리운 님(왕손, 즉 독립)을 만나 고향으로 같이 돌아가길 간절히 기원하였던 것이다. 『초사』 이후 방초는 님과의 이별을 상징하였지만, 윤봉길의 유시에서는 방초가 집 나간 님과 다시 만나 고향으로 돌아가는 기약이 되었다.

위안창리 13호: 영원한 이별

4월 29일 거사일의 아침이 밝았다. 김구는 윤봉길을 프랑스 조계 화룽華龍로 위안창元昌리 13호의 김해산金海山의 집으로 데려가 최후의 아침 식사를 같이했다. 놀랍게도 위안창리 김해산의 집은 천지개벽된 상하이에서 지금도 거의 그대로 남아 있다(옌당로 56룽 위안창리 13호). 여기서 윤봉길은 마치 농부가 논밭 일을 나가기 위해 일찍 일어나 아침을 먹는 것처럼 태연자약하게 식사를 하였다. 그리고 아침 7시 직후 김구와 헤어지는 장면은 『백범일지』에서 가장 감동적인 장면이기도 하다.

때마침 7시를 치는 종소리가 들렸다. 윤군은 자기 시계를 꺼내 내 시계와 교환하자고 하였다. "제 시계는 어제, 선서식 후 선생님의 말씀에 따라 6원을 주고 구입한 것인데, 선생님 시계는 불과 2원짜리입니다. 저는 이제 1시간밖에 더 소용없습니다." 나는 기념품으로 그의 시계를 받고, 내 시계를 그에게 주었다.

윤군은 마지막 길을 떠나기 전, 자동차를 타면서 가지고 있던 돈을 꺼내 내 손에 쥐여 주었다. "약간의 돈을 가지는 것이 무슨 방해가 되겠소?" "아닙니다. 자동차 요금을 주고도 5~6원은 남겠습니다."

그러는 사이 자동차는 서서히 움직이기 시작하였다. 나는 목멘 소리로 마지막 작별의 말을 건네었다. "후일 지하에서 만납시다." 윤군이 차창으로 나를 향하여 머리를 숙이자, 자동차는 엔진 소리를 높이 울리며 천하영웅 윤봉길을 싣고 홍구공원으로 질주하였다.

김구와 윤봉길은 김해산의 집을 나와 샤페이로까지 걸으면서 석별의 정을 나누었다. 그곳에서 자동차를 불러 윤봉길이 타고 홍커우공원으로 향했다. 7시 50분경 윤봉길은 도시락과 물통 모양의 폭탄을 휴대하고 공원 정문을 무사히 통과하여 입장했다.

당일 홍커우공원에는 상하이에 거주하는 일본인과 일본군은 물론 각국의 사절을 포함하여 2만이 넘는 인파가 모였다. 윤봉길은 11시 40~50분경 일본 국가 기미가요君が代의 마지막 소절을 부를 때, 단상으로 접근해 5미터 거리에서 준비해 간 물통형 폭탄을 식단을 향해 던졌다. 폭탄은 단상 가운데 떨어져 굉음과 함께 폭발했다. 단상에 도열해 있던 일본거류민단장 가와바타 사다지河端貞次가 절명했고, 그 외 6명이 중상을 입었다. '상하이사변'을 승리로 이끌어 일본 육군의 상징과도 같은 시라카와 요시노리白川義則도 결국 사망하였다.

윤봉길은 의거 현장에서 체포되어 인근 헌병대에서 조사를 받고 5월 28일 상하이 파견 일본 군법회의에서 사형을 선고받았다. 그 후에

김구와 윤봉길이 마지막 아침식사를 한 옌당로 56롱 위안창리 13호

김구와 윤봉길이 바꾼 시계. 왼쪽이 김구의 시계이고 오른쪽이 윤봉길의 시계이다.

도 윤봉길은 근 반년을 상하이에서 수감되어 있다가, 11월 18일 일본 오사카로 후송되어 20일 동안 오사카 성내의 육군위수형무소陸軍衛戍刑務所에 수감되었다. 형무소는 없어지고, 현재에는 인근에 도요토미 히데요시를 제신으로 모시는 도요쿠니 신사豊国神社가 있다.

그런데 일제는 오사카 지역에 조선인이 많이 거주하기 때문에 윤봉길의 사형 집행으로 인해 예상되는 소요 등의 사태를 우려하여, 12월 18일 오사카와 반대 방향인 서쪽 연안 가나자와金沢 육군구금소로 윤봉길을 이감하였다. 이튿날 19일 새벽 7시 27분, 윤봉길은 가나자와의 미쓰코지야마三小牛山의 외진 서북 골짜기에서 형틀에 묶인 채 미간에 총탄을 맞고 숨졌다. 그의 시신은 아무렇게나 수습되어 가나자와의 노다야마野田山 공동묘지 관리소 건물 바로 뒤편 쓰레기 소각장 가는 길 밑에 표지도 없이 매장되었다.

홍커우공원: 다시 돌아온 현장

윤봉길 의거 13년이 지난 이후 홍커우공원에는 기적과 같은 일이 일어났다. 1945년 11월 5일, 김구는 충칭에서 상하이 장완비행장에 도착하여 홍커우공원으로 향하였다. 상하이 교민회에서는 윤봉길 의거의 현장 바로 그 자리에 임시정부 요인들이 올라가서 연설을 할 수 있는 단상을 만들고 환영회를 준비하였다.

오후 4시 30분 임시정부 요인 일행과 함께 김구가 공원에 도착하였다. 공원에는 5000명 정도의 교민이 모여 일본의 기미가요 대신 광복군 악단의 연주에 따라 애국가를 열창하였고, 김구는 단상에 올라 새 나라 건국의 결의를 밝히는 일장 연설을 하였다. 당시의 교민신문인 『대한일보』는 "옛날에 홍구공원에서 우리의 선열 의사에게 시라카와 대장이 죽는 것을 보았고, 오늘은 바로 이 자리에서 우리의 애국지사가 월계관을 쓰신 것을 보고야 말았다"면서 이것을 "하늘의 법칙(天則)"이라 감격하였다.

이후 홍커우공원은 1950년대 루쉰魯迅의 묘소가 옮겨 오면서 '루쉰공원'으로 이름이 바뀌었다. 루쉰공원의 루쉰 묘를 지나서 조금 더 들어가면 '매원梅園'이 있는데, 입구에 '윤봉길 의사 생애사적전시관'이라는 한글과 중국어가 병서된 현판이 있다. 안으로 들어서면 '윤봉길 의거 현장'이라 새긴 '윤봉길 의사 생애사적비'가 있다. 1998년에 세워진 빗돌에는 우리말과 중국어로 의거 내용이 새겨져 있는데, 실제 의거 지점은 여기서 루쉰 묘 쪽으로 약 80미터 정도 떨어진 지점이다.

매원의 핵심 기념공간은 2층의 '매헌梅軒'이다. 한중수교 이후 2년이 지난 1994년 이곳에 윤봉길 의거를 기념하기 위해 '매정梅亭'이라는 정자가 세워졌다. 이후 한국 측이 윤봉길의 아호인 '매헌'으로 바꾸어 줄 것을 요청하여, 현재 이 건물에는 2008년 가을에 쓴 '매헌梅軒'이란 현판이 붙어 있다. 2011년 이곳을 기념관으로 다시 정비하였다.

매헌의 윤봉길 의사 사적전시관으로 들어가면 입구에 윤봉길 흉상과 더불어 '장부출가생불환丈夫出家生不還' 7자의 유묵이 있다. 이 구절은 1930년 3월 6일 23세의 젊은 윤봉길이 집을 떠나올 때 남긴 것이다. 충남 시량리의 집을 나와 압록강을 거처 안둥·칭다오·상하이에 이르는 14개월의 여정은 그의 말대로 '천신만고'의 길이었다. 그렇게 도달한 상하이에서 그는 채 1년을 보내지 못하고 의거를 단행하였다. 그러고는 사형을 선고받은 죄인의 몸이 되어 오사카로 이송되었고, 다시 반대편 가나자와의 외진 골짜기로 끌려가 생을 마감하였다. 과연 출가 이후 그의 길은 다시는 집으로 돌아갈 수 없는 머나먼 죽음의 길이었다.

그런데 윤봉길의 이 시구는 2000여 년 전 역시 살아 돌아오지 못하는 길을 나선 한 사나이의 비장한 노래에서 비롯된 것이다. 그는 진시황 암살에 나선 형가荊軻이다. B.C. 227년, 형가는 진시황 암살에 나서면서 다시 돌아올 수 없는 이수易水 강가에서 이별의 의식을 가지고, 「이수가易水歌」라 전해지는 2구 15자의 짧은 이별의 노래를 두 번 부른다. 한 번은 처연하게, 한 번은 강개하게.

루쉰공원 내 윤봉길의사 사적 전시관, 윤봉길 의사의 흉상과 유묵

風蕭蕭兮 易水寒(풍소소혜 이수한)

바람은 쓸쓸하고 이수 강물은 차구나

壯士一去兮 不復還(장사일거혜 불복환)

장사 한번 가면 돌아오지 않으리

　진시황 암살 시도는 다 아는 바와 같이 실패하고, 형가는 처참하게 죽임을 당하였다. 그러나 사마천은 「자객열전」에서 형가의 뜻과 의기가 높아 "그 이름이 후세에 전하여 잊을 수 없다"고 높이 평가하였고, 이후 굴원屈原·이백李白 등도 형가의 의로움을 찬양하였다. 이렇게 하여 형가는 역사와 문학을 통해 부활하였다.

　윤봉길은 '장부출가생불환' 7자를 남기고 집을 나가, 살아 돌아오지 못하는 긴 여정 끝에 일본 가나자와에서 총살당했다. 그러나 그 길도 형가와 마찬가지로 역사를 통해 부활하는 길이었다. 그리하여 지금 루쉰공원에서 그의 친필 '장부출가생불환'이 우리를 맞이하고 있는 것이다.

　홍커우공원에서 '홍커우虹口'라는 지명은 아름다운 채색 무지개虹에서 비롯되었다. 형가가 「이수가」를 부르자 그의 의로운 기운에 응답하여 하늘에서는 검기劍氣서린 흰 무지개가 나타나 황제를 상징하는 해를 찌르는 천문 현상이 나타났다고 한다. 이를 백홍관일白虹貫日이라 한다. 조선인 윤봉길의 '장부출가생불환'이 있음으로 해서, 우리는 아름다운 채색 무지개를 상징하는 홍커우공원에서 항일 운동의 검기 서린 흰 무지개를 만날 수 있게 된 것이다.

한중폭탄연대
김구와 쑹스뱌오의

이봉창·윤봉길 의거의 망각지대

도진순

상하이 황푸 강변에 중국선박관中国船舶馆이 있다. 근대는 해양이 육지를 지배하던 시기이며, 그리하여 대륙 중국은 서양 해양세력의 반식민지가 되었고, 한반도는 일본의 식민지가 되었다. 해양을 지배하는 것이 선박이다. 중국에서 근대 선박을 따라 배우는 역사는 상하이에서 시작되었다. 1865년 리훙장은 해양의 힘을 절감하면서 상하이에 장난제조총국江南制造總局을 세웠다. 이 장소가 미국조계에 포함되자, 1867년 상하이성 밖 남쪽 황푸 강변에 장난제조총국을 새로 신축하였다. 1905년 제조총국의 조선 부분이 장난조선소江南造船所로 독립하였고, 제조국의 본체는 1917년 상하이병공창上海兵工廠으로 이름이 바뀌었다. 1937년 일본군이 상하이를 점령하고 난 이후 상하이병공창은 장난조 선소에 편입되었다. 이 자리에 중국선박관이 세워진 것이다. 바로 이 상하이병공창에서 윤봉길 의거의 폭탄이 시험되었다.

중국선박관, 한중폭탄연대의 현장

홍커우 의거에 사용된 폭탄의 제조에 대해서는 여러 가지 주장이 있지만, 『백범일지』는 김구-왕웅-상하이병공창장 쑹스뱌오宋式驃로 연결되어 만들어진 것으로 전하고 있다.

> 나는 즉시 서문로西門路의 왕웅(王雄: 김홍일) 군을 방문하고 상해병공창장上海兵工廠長 송식표宋式驃에게 교섭하여, 일본인들이 사용하는 어깨에 메는 물통과 도시락을 사서 보낼 터이니, 속에 폭탄을 장치하여 3일 이내로 보내 달라고 부탁하였다.

이봉창·윤봉길과 같은 개인 의거에서 폭탄의 성능은 결정적으로 중요하다. 그런데 이봉창 의거에서 수류탄의 성능이 좋지 않았다는 것이 확인되었기 때문에 윤봉길 의거를 앞두고 상하이병공창장이나 김구에게 폭탄의 성능 확인은 매우 중요한 일이었다.

> 왕군이 돌아와서 보고하였다. "창장廠長이 내일 오전에 선생님을 모시

상하이엑스포 당시의 중국선박관. 예전 상하이병공창이 있던 곳이다.

고 병공창으로 와서 선생님이 친히 시험하는 것을 눈으로 확인해 보
라고 하니 같이 가십시다." 나는 좋다고 승낙하고, 다음 날 이른 아침
상해 강남조선소江南造船所를 찾아갔다.(『백범일지』)

그런데 창장이 '병공창'으로 오라 했는데, 김구가 '강남조선소'로 갔
다고 하여 이상해 보인다. 그러나 앞서 정리한 바와 같이 장난제조총
국은 장난조선소와 상하이병공창으로 분리되었다가, 나중에는 병공
창이 조선소에 통합되었다. 요컨대 둘 다 같은 장소에 있었다.

그곳[장난조선소] 내부에는 일부분 병공창이 있는데, 그다지 규모가 크지 않아서 대포나 소총 등을 수리하는 것이 주된 임무인 듯했다. 기사 왕백수王伯修의 영도하에 물통과 도시락, 두 종류의 폭탄을 시험하는 것을 구경하였다. 마당 한 곳에 토굴을 파고 네 벽을 철판으로 두른 후, 그 속에 폭탄을 장치한다. 그런 후 뇌관 끝에 긴 끈을 잇더니, 한 명이 끈 끝을 끌고 수십 보 밖으로 기어가서 노끈을 잡아당겼다. 그러자 토굴 속에서 벽력 같은 소리가 진동하며 파편이 나는 것이 일대 장관이었다. 시험 법칙은 뇌관 20개를 시험하여 20개 전부가 폭발된 후라야 실물에 장치하는 것이라 하는데, 이번 시험은 성적이 양호하다는 말을 듣고 나는 마음속으로 기뻐하였다. (『백범일지』)

1932년 4월 29일 홍커우공원에서 윤봉길이 휴대하고 사용한 도시락 및 물통 폭탄은 이렇게 탄생하였다.

『백범일지』를 보면 1932년 1월 8일 이봉창이 도쿄에서 사용한 폭탄[수류탄] 1개도 왕웅을 시켜 상하이병공창에서 구입했다고 밝히고 있다. 이봉창 의거의 실패에는 여러 가지 이유가 있지만 수류탄의 성능에도 문제가 있었다. 이런 연유로 상하이병공창에서 이번에는 정성을 다해 폭탄을 무료로 만들어 주었다고 한다.

상해공창에서 이같이 친절하게 20여 개의 폭탄을 무료로 제조하여 주는 원인이 무엇인가? 그것은 바로 이봉창 의사의 은혜 덕분이라 할 수 있다. 창장은 자기네가 빌려주었던 폭탄의 능력이 미약하여 일본 황제를 폭살하지 못한 것을 유감으로 생각하고 있었다. 그러던 차에 김구가 다시 요구한다고 하니 성심으로 제조해 주는 것이었다. 다음 날 그들은, 위험한 폭탄을 우리가 운반하기 곤란하리라는 것을 알고, 병공창 자동차로 서문로[226호] 왕웅 군의 집으로 가져다주었다.

(『백범일지』)

김구가 이봉창 의거의 수류탄에 대해서 앞에서는 "상해병공창에서 구입했다"고 하고, 여기서는 "빌려주었다"고 하여 약간의 차이가 있다. 그러나 이봉창 의거의 폭탄 한 개를 상하이병공창에서 구해 준 것에는 차이가 없다.

1930년대에도 상하이는 아시아 최첨단의 도시였지만, 상하이병공

1932년 4월 29일, 윤봉길이 휴대한 도시락 폭탄과 물통 폭탄. 상하이병공창에서 시험한 것이다.

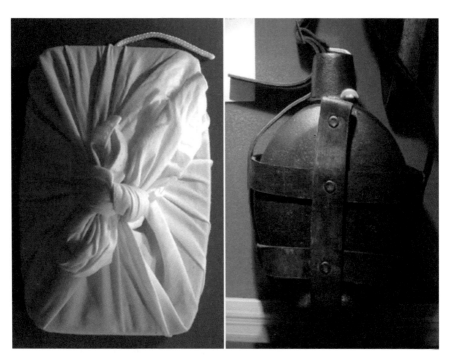

창이 있는 상하이 현성縣城 남쪽 황푸 강변은 시골과 같이 한적한 곳이었다. 2010년 상하이엑스포를 전후하여 이곳은 상전벽해의 대대적인 변화가 있었다. 그 가운데 있는 선박기념관이 이봉창·윤봉길의 의거에 사용된 폭탄을 만든 상하이병공창 자리로, 한중간 반일 폭탄연대의 현장인 것이다. 현재 어디에도 그러한 설명을 볼 수 없어 아쉬울 따름이다.

망각된 공로자, 쑹스뱌오

김구가 위에서 언급한 바와 같이 폭탄을 만들어 준 사람은 기사 왕보슈王伯修와 창장 쑹스뱌오宋式驫이며, 이들을 김구와 연결시킨 사람은 김홍일(王雄)이다. 김구가 왕보슈·김홍일과 찍은 사진은 이러한 폭탄연대의 기념물이다. 그런데 왕보슈보다 상관이며 더 중요한 인물이 상하이병공창장 쑹스뱌오인데, 그는 이후 사진은 물론 김구의 언급에도 전혀 등장하지 않는다. 중국 내에서도 그에 대한 기억은 거의 없다. 그는 망각된 것이다.

그런데 쑹스뱌오의 망각화에는 윤봉길의 의거와 깊은 관계가 있다. 이때부터 쑹스뱌오의 인생은 소설과 같이 급변했다. 88년 그의 생애에서 전반기는 근대 민주 혁명과 함께하는 파란만장한 시기였지만, 후반기에는 돌연 은거하여 모두에게 잊힌 채 울울하게 일생을 마쳤다. 그 계기가 된 것이 바로 46세 때인 1932년 윤봉길의 의거에 폭탄을 만들어

왕보슈, 김구, 김홍일

준 일이었다.

　쑹스뱌오는 일찍부터 신해혁명에 참여한 혁명적 지식인이었다. 그는 김구보다 11세 아래인데, 1904년 18세로 고향 창사長沙에서 중국소년진보당에 참여하였고, 이후 일본에 유학하여 일본사관학교 야포병과野炮兵科를 졸업했다. 일본에 있을 때 이미 쑨원孫文의 중국동맹회에 참여하였고, 1911년 6년 만에 귀국하여 포대를 지휘하면서 신해혁명에 적극 참여하였다. 이후 그는 한국인 신규식과 함께 '신아동제사新亞同濟社'에 참여하는 등 한국의 독립운동을 지원하기도 하였다. 신아동

제사란 '동제사同濟社'를 기반으로 하는 한국독립운동을 지원할 목적으로 상하이에서 조직된 한중 협력단체이다.

1913년 3월 20일 쑨원과 함께 신해혁명을 주도하고 국민당을 창당한 쑹자오런宋敎仁이 암살되었다. 암살의 배후에는 위안스카이袁世凱가 있는 것으로 알려졌고, 쑹스뱌오는 위안스카이 부대를 토벌하는 총사령부의 포구병참장浦口兵站長이 되었다. 그러나 위안스카이군이 난징을 점령하고 난 이후 도리어 지명수배를 당하게 되자, 쑹스뱌오는 1920년 독일 베를린대학으로 유학을 갔다. 그곳에서 그는 철학 및 화학 두 개의 박사 학위를 취득하고 독일 여인과 결혼하였다.

1925년 쑹스뱌오는 가족과 함께 귀국하여 국민당 정부의 병공兵工 관계 일에 참여하였다. 특히 1932년 1월 28일 상하이사변 직후, 그는 상하이병공창장으로서 반일운동에 적극 참여하였다. 그의 휘하에 있는 병기주임 왕웅(김홍일)은 19로군 차이팅카이蔡廷鍇 부대의 후방 정보국장도 맡고 있어서 일본군 동향도 잘 알고 있었다. 당시 일본총영사관과 가까운 쑤저우허와 황푸강 합수지점에 일본 해군의 기함인 이즈모出雲호가 정박하고 있었는데, 매일 오전 11시 시라카와 요시노리 일본군 대장과 고급장교들이 선상 회의를 한다는 정보를 입수하였다.

쑹스뱌오와 왕웅은 폐기된 수뢰 껍데기를 부뢰로 개조하여 2월 12일 잠수부를 통해 이즈모호를 폭파시키고자 시도하였지만 실패하였다. 쑹스뱌오와 왕웅은 이처럼 반일 연대로 긴밀하게 연결되어 있었다. 이런 인연으로 쑹스뱌오의 상하이병공창은 이봉창 의거에도 수류탄을 제공하였고, 윤봉길 의거에는 20여 차례 시험을 하며 정성껏 물통과 도시락 모양의 폭탄을 만들어 왕웅 주소지로 배달하였던 것이다.

윤봉길의 홍커우 의거가 성공하고 난 이후 쑹스뱌오의 인생은 완전히 바뀌었다. 그는 상하이병공창 창장직을 사임하고, 루산廬山의 구링牯嶺에 은거하였다. 그 이유는 일본 측이 장제스 국민정부에 요구했기 때문이라는 주장도 있고, 쑹스뱌오가 좌경적인 차이팅카이의 19로군과 친밀한 데 대한 장제스의 불만 때문이었다는 주장도 있다.

> 조선지사 윤봉길이 중조中朝 인민의 공동적인 일본제국주의를 타격하고 고귀한 목숨을 바쳐 후세 사람들의 존경을 받았다. 스뱌오는 이 사건으로 친공적인 19로군을 지원하였다고 장제스의 노여움을 사게 되었다. 이로 해서 그는 상하이병공창장을 그만두게 되었고, 상하이병공창도 문을 닫게 되었다.(『쑹스뱌오시사선』108~109쪽)

차이팅카이는 1932년 1월 28일, 제1차 상하이사변 당시 민중에게 항전을 호소하는 글을 발표하고, 19로군을 지휘하며 일본군에 용맹히 맞서 싸워 세 차례나 격퇴하면서 항일 영웅으로 떠올랐다. 하지만 일본군의 4차 공세를 당해 내지 못하고 결국 퇴각하였다.

윤봉길 의거 이후 김구가 애시모어 피치 부부의 집에 몸을 숨기고 있을 때인 1932년 5월 5일, 일제와 중국 국민정부는 쑹후淞滬정전협정을 체결하였다. 이후 일본군은 항일 성향이 강한 19로군을 상하이에서 빼내라고 요구하였고, 7월에 19로군은 남쪽의 푸젠福建성으로 이동

조치되었다. 1933년 차이팅카이는 푸젠사변을 일으켜 중화공화국 인민혁명정부를 수립하고 중앙 위원에 취임했으나 장제스의 반격으로 50여일 만에 미국으로 피했다가, 1935년 홍콩으로 돌아와 항일운동을 계속했다. 이 시절 쑹스뱌오는 루산의 구링에 은거하였던 것이다.

1937년 7·7사변 이후 51세의 쑹스뱌오는 루산에서 고향인 후난湖南성 창사로 돌아가 조용히 교직에 종사하였다. 그가 상하이로 다시 돌아온 것은 중화인민공화국이 수립된 1949년으로 63세가 되어서였다. 상하이로 돌아와 그는 상하이시인민정부참사실 참사, 문사관원文史館員, 시정협위원市政協委員을 역임하였으나, 생활이 매우 어려웠다. 그는 4남 3녀의 자녀가 있었는데, 생활고로 인해 1950년 독일인 부인이 아이 둘을 데리고 독일로 돌아가 가족이 생이별을 하는 아픔을 겪었다. 그는 상하이에 남아 중국 고전을 독일어로 번역하면서 생활하다, 1977년 89세로 세상을 떠났다.

쑹스뱌오는 루산 구링에 은거하면서 시를 많이 지었다고 한다. 그가 상하이병공창장 시절 주 전공이 화학박사였다면, 루산 구링에 은거할 당시 주 전공은 철학박사이자 문학인이었던 셈이다. 그러나 그의 시작은 문화혁명 때 대부분 불타 현재는 극히 일부만 남아 있다. 그와 다섯 자녀의 시 작품이 함께 수록되어 있는 173쪽의 소책자 『쑹스뱌오시사선宋式驤詩詞選』이 그의 사후 17년이 지난 1994년에 발간되어, 그와 가족의 모습, 그리고 시가 일부라도 전해지게 되었다.

남아 있는 그의 시에서 윤봉길 의거나 폭탄에 대한 것은 발견되지 않는다. 다만 연보에는 그가 "12파운드 TNT 물병 모양의 수류탄(十二

『쑹스뱌오시사선』 표지, 쑹스뱌오 사진

쑹스뱌오의 부인(왼쪽 두 번째)과 자녀들

磅梯恩梯水瓶式手榴彈)"수 개를 만들어 김구 측에 주었다고 밝히고 있다. 12파운드는 5.448킬로그램이다. 살상반경 40~60미터인 F1수류탄이 TNT 60그램 정도라고 하니, 12파운드는 그것의 90배 수준으로 엄청난 폭발력이다. 그 위력에 힘입어 4월 29일 홍커우공원에서 단상에 있던 일본의 수뇌 2명이 죽게 되고, 5명이 중상을 입었던 것이다.

한중폭탄연대를 바로 기리는 것

윤봉길 의거에 쓰인 폭탄에 대해서는 여러 가지 주장이 있다. "강회대협江淮大俠" 왕야차오王亞樵가 만들었다는 주장도 있지만, 당시 왕야챠오가 연대한 한인 단체는 김구 측이 아닌 것으로 보인다(김광재, 2002, 32~39쪽). 또 폭탄 제조자가 샹츠타오向伩濤라는 주장도 있다. 김홍일에 의하면 당시 상하이병공창의 자재와 시설들이 대거 난징으로 이동하였기 때문에, 도시락과 물통의 주물을 민간인 샹츠타오에게 만들게 하였고, 그 안에 폭약 등을 넣어 폭탄을 만든 사람은 왕보슈라고 한다(김홍일, 1972, 284~285쪽).

『백범일지』에는 상하이병공창에서 폭탄을 시험하는 것에 대해 자세하게 묘사하고 있지만, 폭탄을 구체적으로 누가 어떻게 만들었는지에 대한 정확한 언급은 없다. 이 부분에 대해서는 샹츠타오가 물통과 도시락 주물을 만들고, 왕보슈가 이것을 폭탄으로 만들었다는 김홍일의 회고가 가장 정확하고 자세하다. 그리고 상하이병공창에서 왕보슈가 주도하여 폭탄의 성능을 시험한 것이다. 이 모든 과정을 총괄하는 전체 책임자가 쑹스뱌오 상하이병공창장인 것은 확실하다. 윤봉길 의거의 성공을 찬양할수록 홍커우 의거로 인생이 뒤틀린 쑹스뱌오와, 디아스포라처럼 흩어진 그의 가족들도 같이 기억해야 할 것이다. 그것이 한중폭탄연대를 제대로 기리는 것이라 생각한다.

흥더탕과 YMCA

피치 가문과 한국 독립운동

도진순

1932년 4월 29일 역사적인 윤봉길 의거 이후, 상하이의 프랑스 조계에도 일제의 한인에 대한 대대적인 검거 선풍이 일어났다. 이유필의 집에서 체포된 안창호가 그 대표적인 예이다. 이유필의 집에서 채 1킬로미터도 되지 않는 베이러로 13호에 미국인 피치 목사의 집이 있었다.

윤봉길 의거의 배후인 김구와 안공근·엄항섭·김철 네 명은 의거 당일 저녁 생사의 기로에서 피치의 집에 들어와 20일 정도 숨어 지냈다. 위험을 무릅쓰고 이들의 신변을 보호해 준 피치 목사의 집안은 아버지 피치 목사 때부터 한국의 독립운동에 크게 공감하고 적극적으로 지지하고 후원해 왔다.

경교장에서 다시 만난 피치 부부

1947년 7월 9일, 한 미국인 부부가 인천 부두에 도착하였다. 이들의 서울 도착 소식을 듣고 김구는 바로 부부를 방문하였고, 이 부부에 대한 환영회에 두 번 참석하여 자신과의 각별한 인연에 대해 연설하였다. 그리고 7월 27일 자신의 뷰익 로드마스터 차를 보내 부부를 경교장으로 초청하여 기념사진을 찍었다. 이 부부가 타고 왔던 김구의 '서울 2331' 자동차와 같은 차종이 현재 백범김구기념관에 전시되어 있다.

이 부부가 바로 미국인 피치 목사 부부이다. 김구는 사진을 찍고 난 이후 "1932년에 함께 지냈던 네 명(원래는 여섯 명이었지만 두 사람은 그 후 사망)"의 사진을 원하여 여분의 노출판이 없었던 사진사를 당황하게 했

경교장에서 김구와 피치 부부(1947.7.24.)
1열: 왼쪽부터 조완구, 프란체스카, 김구, 제럴딘 피치, 애시모어 피치
2열: 왼쪽부터 엄항섭, 김덕근, 이기붕, 안낙생, 안미생, 서영해, 안우생, 민영완, 선우진

다. 사진사는 급히 노출판을 하나 더 구해 가지고 와서 피치 부부와 김 구, 그리고 엄항섭의 사진을 찍었다. 그러나 아쉽게도 이 사진은 남아 있지 않다.

1932년 윤봉길 의거 직후 김구와 안공근·엄항섭·김철 네 명은 피 치 목사의 집에 숨어 지내며 위기를 모면할 수 있었다. 그러니까 생존 하지 못한 다른 두 명은 안공근과 김철이다.

필드 피치와 홍더탕

김구는 1932년 4월 29일 날이 어두워진 뒤, 피치 목사의 집으 로 피신한 경위를 이렇게 회고하였다. 정확을 기하기 위해 여기서는 원본 그대로 정리한 『정본 백범일지』를 인용한다.

> 당분當分 피신처를 미국인 비오생費吾生 집에 교섭한, 즉 비씨는 그 부친 비목사費牧師가 생존 시에 우리에게 크게 동정하든 터이라 그런지 극 히 환영함으로, 일강一江 김철金澈과 안安·엄嚴 양군兩君과 나까지 4인이 비씨 집으로 이주하여 2층을 전용全用하고, 식사까지 비씨부인이 극진 정성을 다하여, 윤 의사의 희생의 공덕을 벌서 밧기 시작된다.

여기서 김구가 언급하는 피치 가문의 인사는 "미국인 비오생", 그 의 부친 "비목사", 그리고 그의 아내 "비씨부인" 세 사람이다. "비씨"

일가는 미국 장로교 선교사 피치Fitch 일가로, 한국 독립운동을 크게 도운 집안이다. 아버지인 조지 필드 피치(George Field Fitch, 費啓鴻, 1845~1923, 이하 '필드'), 아들 조지 애시모어 피치(George Ashmore Fitch, 費吾生, 1883~1979, 이하 '애시모어'), 애시모어의 부인 제럴딘 타운센드 피치(Geraldine Townsend Fitch, 費氏夫人, 1892~1976, 이하 '제럴딘') 등 세 명 모두 한국과 중국의 독립운동과 관계를 맺고 활동하였다.

아들 피치 부부는 독립운동뿐만 아니라 미군정기와 대한민국 건국 초기 한국 상황을 미 국무부에 전달하는 한편, 1950년대 한국전쟁과 전후 복구 과정에서 적십자사를 통해 구호 활동을 벌였다. 이러한 공로를 인정받아 애시모어는 대한민국정부로부터 1952년 문화공로훈장, 1968년에는 건국훈장 독립장까지 수여받았다.

그런데 건국훈장 수여 당시 애시모어의 공적 내용을 살펴보면 아버지 필드의 활동이 혼재되어 있다. 각종 연구에도 그러한 혼란이 적지 않은데, 아버지 필드와 아들인 애시모어의 첫 이름이 같이 '조지George'라 '조지 피치George Fitch'로 통칭하는 데서 비롯되었다(김주성, 2017). 이 글에서는 중간 이름을 사용하여 아버지를 '필드', 아들을 '애시모어', 애시모어의 부인을 '제럴딘'으로 구분하고, 아들 부부는 '피치 부부'라 통칭한다.

애시모어가 자신들을 구해 준 중요한 이유로 부친 필드 목사가 생존 시에 한국 독립운동을 크게 동정했기 때문이라 김구가 추정할 정도로, 부친 필드는 한국의 독립운동을 적극 후원하였다. 그는 1870년 11월 5일 중국에 도착하여 상하이와 쑤저우蘇州에서 선교 활동에 전념하였고, 1888년 동아시아에서 가장 많은 서적을 인쇄한 메이화서관 (美華書館, The American Presbyterian Mission Press)의 책임자가 되어 중국의 문화발전에 크게 기여하였다. 그는 YMCA 계통의 세허서국協和書局을 운영하면서 이곳에 취직한 여운형과 한국 독립운동을 적극 지원하기 시작하였고, 한인 학교인 인성학교仁成學校의 설립과 운영에도 적극 협조하였다. 1919년 대한민국임시정부가 수립된 이후에는 안창호·손정도 주도로 재건된 대한적십자사에 적극적으로 참여하여 지원하였다.

일본영사관은 미국총영사에게 필드 목사의 한국 독립운동 지원 사실과 이에 대한 강력한 유감을 표시하였다. 이에 따라 미국총영사는 필드 목사에게 자제를 당부하기도 하였고, 특정 사안에 대해서는 해명을 요구하기도 하였다. 필드는 한국인에 대한 구제와 지원을 당당하게 밝혔다.

> 나는 한국에 있는 미국인의 증언을 통해 한국인들이 본국에서 일본인들에 의해 어떠한 탄압을 받고 있는지 알고 있습니다. 내가 지원한 돈은 정직한 방법으로 모금되었고, 이 돈은 고통받는 한국인들을 구제할 수 있을 것입니다. 나는 수년 동안 상해에서 한국을 돕기 위해 노력했습니다. 하지만 나는 그들에게 정치적 포부를 격려하거나 이념적인 선전을 한 적은 없습니다.(김주성, 2017, 166쪽)

필드는 "기한飢寒에 울고 있는 한국동포를 위한 구제의 사업"은 "선교사인 나의 신성한 의무"라고 발표하였다(『독립신문』 1920. 2. 7.). 그는 재중 선교사들과 함께 한인구제회를 조직하여 어려운 처지의 한인들을 적극 도왔다. 그리하여 상하이 한인들은 그를 "동포의 은인"이라고 칭송하였다(김광재, 2018, 189~190쪽).

1923년 2월 17일, 필드는 상하이 자택에서 78세를 일기로 별세하여 샤페이로에 있는 바셴차오공묘(八仙橋公墓, Parssijao Cemetery)에 안장되었다. 이곳은 이듬해 1월 1일 별세한 김구의 부인 최준례가 묻힌 곳이며, 그리하여 1945년 해방 이후 김구가 귀국하기 위해 13년 만에 상하이에 들렀을 때 "아내의 묘지에 참배"한 곳이기도 하다. 또한 1948년 6월 김구의 아들 김신이 충칭에 있던 할머니 곽낙원과 형님 김인의 유해와 더불어, 이곳에 있던 어머니 최준례의 유해를 모시고 귀국하여 국내에 안장하였다. 현재 이곳은 화이하이淮海공원으로 바뀌

홍더탕

었다.

필드 피치가 별세하고 난 이후 그를 기념하는 교회가 홍커우공원에서 가까운 뒤룬多倫로 문화거리에 세워졌다. 1925년 착공하여 1928년에 준공된 이 교회를 '홍더탕(鴻德堂, 홍덕당)'이라 부른다. '홍더鴻德'란 '큰 덕'이란 의미도 있지만, 필드의 중국명인 '페이치홍費啓鴻'의 덕을 기리는 의미도 된다.

이 건물은 중국궁전식 외형의 3층 교회로, 1994년 '상하이시 우수 역사건축'에 지정되었다. 피치 목사 가문과 윤봉길 의사가 무슨 인연인지, 아버지 필드를 기리는 홍더탕은 의거 현장인 홍커우공원과 가깝고, 김구 등 의거 주도자들은 의거 당일 저녁 아들 애시모어 집에 피신하였다. 홍더탕은 홍커우공원에서 도보 10분 거리인데, 뒤룬로 전체가 저명한 역사 유적으로 가득하기 때문에 홍커우공원을 방문하면 여기도 가 보는 것이 좋다.

애시모어와 YMCA

아버지 필드의 묘가 있는 상하이 화이하이공원에서 아주 가까운 거리에 아들 애시모어와 며느리 제럴딘이 살았다. 1932년 4월 29일 저녁 김구 일행 4명이 피신하여 한 달 정도 은거했던 그 집은 현재 흔적도 없이 사라졌지만, 그 인근에서 애시모어의 흔적을 찾아볼 수 있다.

애시모어는 1883년 1월 23일 중국 쑤저우에서 태어나, 1900년 미국으로 건너가 교육을 받았다. 1906년 우스터대학을 졸업하고, 뉴욕에 있는 컬럼비아대학 연합신학대학원에 진학했으며 1909년 졸업과 함께 장로교회 목사가 되었다. 그해 12월 25일 상하이에 돌아와 1945년 일본이 제2차 세계대전에서 패배할 때까지 35년간 중국 각지에서 YMCA 총간사를 역임했다.

1919년 2월 첫 부인이 장티푸스로 사망하였으며, 1924년 감리교 선교사로 상하이에 온 제럴딘과 결혼하여 2남을 두었다. 결혼 이후 애시모어의 YMCA 활동은 더욱 활발해졌다. 그는 상하이 YMCA에서 중국국민당 인사들과 함께 성경 공부 모임을 열었고, 상하이 로터리클럽의 창립 멤버가 되는 등 중국인 사회에서 활발한 활동을 벌였다. 당시 애시모어가 자주 교유했던 인사들은 쑨원·장제스·궈타이치郭泰祺 등 중국국민당의 최상층 인사들이었다. 부인 제럴딘은 장제스의 부인 쑹메이링宋美齡과도 친밀한 관계였다. 상하이의 도심에는 애시모어의 YMCA 활동과 관련 있는 곳이 남아 있으며, 그중 두 곳은 한국의 독립운동과도 밀접한 관련이 있다.

쓰촨중로의 YMCA회관: 푸광중학

YMCA, 즉 기독교청년회는 1844년 영국에서 탄생했다. 1905년 10월 상하이 YMCA회관이 쓰촨중四川中로 599호에 자리를 잡았고, 2년 후인 1907년 11월에 고전주의 양식으로 중국 최초로 체육관을 갖춘 회관이 준공되었다. 그로부터 2년 후 애시모어가 상하이로 와서 상하이 YMCA에서 활동을 시작하였다.

1910년대 이후부터 1930년대까지 한국인들은 공공조계 쓰촨중로의 YMCA회관을 종교 활동이나 각종 집회에 많이 이용하였다. 당시 YMCA 간사가 바로 애시모어였다. 1931년 프랑스 조계 시짱중西藏中로에 YMCA회관이 신축된 이후에도 한인들은 쓰촨중로 YMCA회관을 자주 이용하였다.

1910년대 애시모어가 쓰촨중로의 YMCA 간사로 있을 때 한 중요한 공헌 중 하나가 여운형을 도와준 것이었다. 여운형은 애시모어의 아버지인 필드의 세허서국에 취직하여 상하이에서 안정적인 활동 기반을 마련하였고, 1917년 1월 아들 애시모어가 간사로 있는 쓰촨중로의 상하이 YMCA회관에 방 하나를 얻어 한인 남녀 교우 30여 명을 모아 상하이교회를 열고 예배를 인도하게 되었다.

필드와 애시모어, 그리고 중국 YMCA의 인맥은 여운형의 독립운동에 큰 자산이 되었다. 그러한 결실로 1918년 파리평화회의에 청원서를 보내고 대표 김규식을 파견할 수 있었다. 1918년 11월 11일 제1차 대전이 끝났다. 11월 26일, 국제연맹 창설을 주도하고 있던 윌슨 미국 대통령의 각별한 친구인 크레인이 상하이를 방문하였다. 다음 날 칼튼카페에서 수백 명이 참석하는 대대적인 환영 오찬이 있었다. 칼튼카페는 당시 징안쓰로(현재 난징시로) 13호에 있었는데 현재 상하이대극장上海大劇院과 가까운 곳이다.

이 귀한 자리에 33세의 한국인 여운형이 참석하였다. 그가 참석할

Chinese Y. M. C. A., Shanghai, Chin

상하이 쓰촨중로의 YMCA회관

수 있었던 것은 애시모어의 도움에 의한 것으로 보인다. 애시모어가 간사로 있는 상하이 YMCA가 이날 오찬을 주최한 단체 중 하나였다. 이 자리에서 여운형은 세계평화회의와 피압박 민족의 해방에 대한 크레인의 연설에 크게 감동을 받았고, 크레인과 면담도 하였다.

이후 여운형은 장덕수와 더불어 윌슨 미국대통령과 파리평화회의에 보내는 청원서를 작성하였다. 여운형은 미국으로 가는 크레인에게 편지와 청원서를 전달하였고, 이어서 애시모어의 추천서를 가지고 애스터호텔로 찾아가 크레인의 개인 비서 격인 미국 언론인 밀러드에게도 청원서를 전달하였다. 그리고 김규식을 대표로 선정하여 파리에 파견하게 되는 것이다(정병준, 2017). 이러한 일련의 과정이 3·1운동의 기폭제가 되었고, 그 연장선상에서 임시정부가 상하이에 수립되고, 김구가 상하이로 오게 되었다.

상하이 쓰촨중로의 YMCA회관은 이후 증축되어 푸광浦光중학으로 사용되고 있는데, 자오쉐로우教學樓는 상하이시 우수역사건축으로 지정되어 있다. 이 학교의 전신이 상하이청년회중학으로 상하이에서 최초로 서양 학문을 가르치는 중학교였고, 1938년 상하이에서 최초로 중국공산당 당조직이 생긴 곳이기도 하다. 쩌우타오펀鄒韜奮·궈모뤄郭沫若 등 저명인사가 교사를 하였고, 중국공산당 총서기를 역임한 장쩌민도 1946~1948년 이 학교의 교사를 한 적이 있다. 그는 상하이 시장 시절인 1986년, 이 학교에 '존사수기 근학다사 건미활발 여지분비(尊師守紀 勤學多思 健美活潑 礪志奮飛)' 16자 휘호를 써 주었는데, 현재 현관 로비에 금색 글씨로 세워져 있다.

푸광중학(현재)

장쩌민의 16자 휘호

바셴차오 기독교청년회대루: 청년회대주점

쓰촨중로 YMCA회관은 애시모어가 1909년 상하이에 오기 전에 이미 건립된 것이지만, 애시모어는 1931년 프랑스 조계에 새로운 YMCA회관을 건립하였다. 1929년 10월 착공하여 1931년 9월 완공한 이 건물이 바셴차오 기독교청년회대루八仙橋基督教青年會大樓로 현재 주소는 시짱난西藏南로 123호이다. 중국인 3인(리진페이李錦沛, 판원자오范文照, 웨선越深)이 설계하여, 외관은 베이징에 있는 첸먼前門의 젠로우箭樓를 본따는 등 중국 전통 양식이 남아 있다. 건물의 정상에는 이중 지붕을 두고, 위에는 남색 유리기와로 덮었다. 전체 10층으로 아래 3층은 화강석, 위 4~10층은 갈색의 벽돌로 마감하였다. 이 건물은 현재 상하이시 문화보호단위로 지정되어 있다.

1931년 낙성된 이후 이 건물은 중국 역사에서 아주 중요한 역할을 하였다. 1932년 1·28 상하이사변 이후 이 건물은 1만여 난민을 수용하였으며, 1930년대 상하이 문화운동의 중심지로 저우언라이·루쉰·차이위안페이蔡元培·메이란팡梅蘭芳 등이 참여하거나 활동하는 강연회·음악회·경극·전람회 등이 이곳에서 열렸다. 특히 1936년 10월 8일 9층에서 제2회 전국목각활동전이 열렸는데, 루쉰은 투병 중임에도 참관하였고, 그 사진이 남아 있다. 11일 이후 루쉰이 서거하였으므로, 그의 마지막 대외 활동이었다.

현재 이 건물은 호텔로 사용되고 있다. 중국명으로는 '금강도성경전청년회주점錦江都城經典青年會大酒店', 영문명으로 'METROPOLO

JINJIAN HOTEL CLASSSIQ'이다. 필자는 2018년 9월 말 이곳에서 숙박하면서 일대를 답사한 바 있다. 이 건물은 김구와 윤봉길과도 관련이 있는데 홍커우 의거 전날인 1932년 4월 28일 정오, 김구와 윤봉길은 여기서 만나 점심 식사를 하면서 다음 날의 거사를 점검하고 논의하였다. 아마 현재에도 식당으로 이용되는 2층 레스토랑 자리였을 것이다.

또한 이곳은 1932년 4월 29일 의거 당일 김구 일행을 숨겨 준 애시모어가 일하던 상하이 YMCA가 있던 곳이다. 그해 5월 중순 어느 날 제럴딘의 전화를 받고 김구 일행을 상하이에서 탈출시키기 위해 애시모어가 차를 몰고 출발한 상하이 탈출의 시발점이기도 하다. 그때 애시모어는 제럴딘에게 "지금 엄청나게 바쁘다"고 하였는데, 그럼에도 애시모어는 기꺼이 김구 일행의 상하이 탈출을 위해 여기서부터 차를 몰았다.

———

바셴차오 기독교청년회 대루(1931년 완공. 현재 금강도성경전청년회주점)

국제연대 생사기로에서의

피치 부부와 김구, 피신과 탈출 루트

도진순

윤봉길 의거가 있던 1932년 4월 29일 저녁, 김구 일행이 피치 부부의 집으로 피신하여 20일 정도 머물렀다. 그 사이 상하이 프랑스 조계에서도 안창호가 검거되는 등 백색테러와 검거 선풍이 불었으며, 김구의 목에는 제1차로 20만 원, 제2차로 60만 원이라는 어마어마한 현상금이 걸리는 살벌한 시기였다. 마침내 5월 중순 어느 날 피치 목사의 집에 일본인으로 보이는 정탐꾼이 다녀가자 김구 일행은 피치 목사 부부의 도움을 받아 서둘러 상하이를 탈출하였다.

세 가지 문건

위기일발의 상하이 탈출에 대해서는 『백범일지』에 생생하게 기록되어 있다. 그런데 김구 일행을 숨겨 준 애시모어와 그 부인 제럴딘도 이 잊을 수 없는 사연에 대해서 기록을 남겼다. 애시모어는 1964년 타이베이에서 회고록 *My Eighty Years in China*를 발간하였는데, 이 책은 근래 김구재단에서 『조지 피치와 대한민국: 피치 회고록과 문서 속 한국과 김구』로 번역된 바 있다. 이 책의 「Ⅲ. 피치와 대한민국임시정부(1932~1935)」(33~37쪽) 부분에 김구 일행을 숨겨 주고 도피시킨 내용이 있다(이하 '애시모어'로 약칭).

애시모어의 회고록에서도 김구 일행과 많은 시간을 보낸 부인 제럴딘의 증언이 소개되어 있지만, 제럴딘은 이와 별도로 「아무도 모르는 한국 지도자The Korean Leader Nobody Knows」라는 글에서 김구 일행의 피신과 탈출을 자세하게 회고한 바 있다. 이 글의 원본은 미국 하버드대학 옌칭연구소의 『피치문서Fitch Paper』에, 사본은 국립중앙도서관에서 펴낸 『휘치문서』(5권)에 포함되어 있으며, 『조지 피치와 대한민국: 피치 회고록과 문서 속 한국과 김구』 164~172쪽에 번역되어 있다(이하 '제럴딘'으로 약칭).

이상의 세 가지 문건을 비교하면 김구 일행의 피신과 탈출을 훨씬 더 생생하게 이해할 수 있다.

20일간의 피신

『백범일지』에는 "당분 피신처를 미국인 피치 목사 집에 교섭"
하였다고 되어 있어서 교섭의 주체가 불명확하다. 제럴딘의 회고에 의
하면 이것은 안공근과 애시모어에 의한 교섭이었다.

> 우리가 잘 알고 있던 안공근이 애시모어에게 와서 말했다. "우리가 어
> 디로 가면 될까요? 우리는 지금 집에 머물 엄두를 못 냅니다. 김구 주
> 석을 포함해 임시정부 사람 네 명이 있습니다." 내 남편이 말했다. "우
> 리 집으로 오십시오. 네 분을 위한 방을 마련할 수 있습니다. 그리하여
> 그들은 우리 집 2층으로 들어왔고, 우리의 중국인 요리사가 그들을 위
> 해 음식을 준비했으며, 그들은 28일간 머물렀다. (제럴딘, 168쪽)

제럴딘은 안공근을 "중국 이름을 쓰고 중국옷을 입고 중국인으로
위장하고 있는" "우리의 친구 왕(Wo[a]ng, 王)"이라고 불렀고, '안중근
의 동생'임을 잘 알고 있었다.

4월 30일, 즉 다음 날 아침 안공근과 김구 일행은 사건의 전모를 이
야기해 주었다. 안공근 이외 '사건의 주역'인 '김구', 그리고 '김구의 비
서 엄항섭David Um'이었다. 나머지 한 사람에 대해 애시모어는 '안安'씨
로 기억하고 있지만, 김구는 '일강一江 김철金澈'이라 밝혔다. 일행에 대
해서는 역시 김구의 회고가 정확할 것이다. 김철은 이봉창과 윤봉길
의거 당시 군무장軍務長으로서 김구를 도왔으며, 1934년 6월 29일 항

저우에서 급성폐렴으로 사망하였다. 애시모어도 "안씨가 후에 결핵으로 죽었다"고 회고한 것으로 봐서, 김철을 안씨로 착각한 것으로 보인다.

애시모어는 이들이 '한 달 이상', 제럴딘은 '28일', 김구는 '20여 일' 은거하였다고 회고하였다. 5월 15일과 16일 항저우에서 이틀 동안 열린 임시정부의 국무회의에 김구가 참석한 것이 확인되기 때문에 김구의 상하이 탈출은 최소한 그 이전이다. 그렇다면 김구 일행이 윤봉길 의거 이후 피치 댁에 피신한 기간은 20일 이내일 것이다.

김구 일행이 자기 집에 피신하고 있는 동안 애시모어는 안창호의 체포 소식을 듣고 프랑스 언론인·지식인들과 접촉하면서 프랑스 당국의 일제에 대한 협조와 체포 과정의 불법성을 규탄하였다. 그는 프랑스가 일제에 대해 협조하는 것을 "공화정 이전의 왕조시대로 다시 돌아가려고 하는 것"으로 비난하였고, 안창호 체포에 대한 항의 서한을 프랑스 조계의 경찰서장에게 보내기도 하였다(김주성, 2017).

프랑스 조계에도 대대적인 검거 선풍이 불어닥치자, 상하이 동포사회에서 '이번 홍커우 사변의 주모책임자'를 비난하는 소리가 생기기 시작하였다. 이에 김구는 피치 목사의 집에 피신 중인 위급한 상황이지만 홍커우 의거의 진상을 발표하였다.

이런 까닭에 나는 "사건의 진상을 세상에 공개할 필요가 있다"고 여러 동지들에게 주장했다. 앉아 있던 안공근은 펄쩍 뛰면서 "형님이 불란서 조계에 계시면서 이 같은 발표를 하는 것은 지극히 위험합니다"라고 반대하였다. 그러나 나는 그의 주장을 받아들이지 않고, 엄항섭으로 하여금 선언문을 기초하게 하고 피치 부인[제럴딘]에게 영문으로 번역시켜 로이터 통신사에 투고하였다. (『백범일지』, 339쪽)

1932년 5월 10일, 김구는 한인애국단 영수 명의로 이봉창·윤봉길 의거의 진상을 밝히는 장문의 성명서를 발표하였다. 이 발표를 통하여 비로소 세계 각국에서는 "도쿄 사건과 상하이 홍커우 사건의 주모계획자는 김구요, 집행자는 이봉창과 윤봉길이라는 사실"을 알게 되었다. 그런데 성명서를 번역하였다는 제럴딘이 이에 대해 별도로 언급한 것은 없다.

김구에 의하면 일행 중 안공근·엄항섭과 이후 찾아온 박찬익 등은 낮에는 피치의 집에서 은신하지만, 밤에는 집 밖을 나가 동포 구제사업을 하였는데, 애시모어와 제럴딘도 "세 사람은 몇 개 택시 회사를 돌아가며 이용"하면서 외출하였다고 회고하였다. 한편, 김구에 대해서는 "딱 한 번만 우리 집을 떠났고, 그날 밤 나는 그가 안전하게 귀가할 때까지 걱정을 했다"고 밝혔다(제럴딘 168쪽). 애시모어도 김구의 야간 외출을 언급하고 있는데, 그는 외출의 목적을 "아마도 폭탄을 만든 것"으로 추정한 바 있다. 그러나 이것 역시 당사자인 김구의 회고가 가장 정확할 터, 그것은 중국 측 고위 인사들과 비밀회동 때문이었다.

상해에서 중대 사건이 발생한 것을 알고 남경에 있던 남파南坡 박찬익朴贊翊 형이 상해로 옮겨와서 중국 인사들과 접촉한 결과, 우리는 물질상으로만이 아니라 여타 방면에서도 중국 측으로부터 많은 편의를 제공받았다. 나는 낮에는 전화로 잡혀간 동포의 가족들을 위로하고 밤에는 안·엄·박 등의 동지가 출동하여 체포된 가족들의 구제와 그와 관련된 교섭작업을 진행하였다. 그러던 중 중국의 유명인사인 은주부殷鑄夫·주경란[朱慶欄]·사량교査良釗 등의 면회 요구에 응하기 위하여 야간에 자동차를 타고 홍구紅口 방면과 정안사로靜安寺路 방면으로 돌아다녔다. 평일에는 한 걸음도 불란서 조계 밖으로 나다니지 않던 나의 행동거지로 볼 때, 그것은 일대변동이 아닐 수 없었다. (『백범일지』)

이에 의하면 김구는 평일에도 잘 나가지 않던 프랑스 조계 바깥으로 외출하였다. 그만큼 중대한 사안이었을 것이다. 아마도 그것은 더 이상 상하이에 있을 수 없는 김구와 임시정부의 향후 행로에 대한 중국의 지원 문제가 중심이었을 것이다.

먼저, 위의 등장인물 중에서 주경란은 중국화양진재위원회中國華洋振災委員會 위원장인데, 민필호에 의하면 자기가 주칭란(주경란)에게서 후원금 1만 원을 받아 김구에게 전했다고 한다. 후원금보다 더 중요한 것은 김구의 신변보호를 위한 안전 조치였다. 여기에 핵심인물로 등장하는 것이 남파南坡 박찬익朴贊翊과 중국인 인주푸(은주부)이다. 김구는 상하이를 탈출하여 자싱의 수륜사창秀綸紗廠으로 피신하는데, 『백범일지』에 의하면 "이곳은 남파 박찬익 형이 은주부와 저보성褚輔成 제씨諸氏에게 주선"한 것이라고 밝힌 바 있다. 이에 대해 천궈푸陳果夫의 측근인 샤오정蕭錚은 회고록(中國協助韓國光復之回憶)에서 소상하게 밝헌 바 있다.

> [김구와 그 일행]이 더 이상 상해에 머물기 어려운 상황에서 필자[蕭
> 錚]와 동향인 은주부 선생이 전 절강성浙江省정부 주석 추푸청 선생
> 과 연락을 취해 김구 일행이 잠시 자싱의 추 선생 집에 머물 수 있도
> 록 주선하였다. 당시 남경에 머물고 있던 남파 박찬익도 김구 일행
> 의 안전한 도피 문제로 급히 천궈푸 선생에게 도움을 청하였다. 이에
> 진 선생은 귀국한 지 얼마 지나지 않은 필자에게 김구 일행의 도피와
> 신변보호를 일임하신 것이었다. 천 선생이 필자에게 이 임무를 맡긴
> 것은 아마 내가 절강에서 오래 활동한 데다 은·추 두 선생과도 친교
> 가 있었기 때문에 이를 고려하였을 것이다.(『대한민국임시정부자료집』,
> 474쪽)

   샤오정에 의하면 인주푸도 추푸청에게 연락하였지만, 본인도 직접
추푸청의 비서 나샤톈羅霞天의 부인과 접촉하였다고 한다. 이에 추푸
청은 김구 일행의 자싱에서의 생활은 전적으로 자신이 책임질 것이라
하였으며, 며느리인 주자루이朱佳蕊는 자싱보다는 자신의 친정이 있는
하이옌海鹽에 적당한 거주지를 마련하는 것이 더욱 안전할 것이라고
제의하였다고 전하였다. 이리하여 김구는 상하이를 탈출하여 자싱으
로 향하게 되는 것이다.

일촉즉발의 위기

『백범일지』에는 1932년 5월 어느 날 피치 목사의 집에서 발생한 일촉즉발의 위기가 자세하게 기록되어 있다.

> 피치 부인은 아래층에서 유리창으로 문 밖을 살펴보다가, 동저고리 차림의 낯선 중국인 노동자가 자기네 주방으로 들어가는 것을 발견하였다. 수상하게 여겨 따라가서, "누구냐?"고 질문하였다.
>
> "나는 양복점 사람인데 댁에 양복 지을 것이 있는지 물어보고자 왔습니다."
>
> "그대가 내 주방 하인에게 양복 짓겠는지 묻는다고? 수상하다."
>
> 그제야 그 사람은 주머니 속에서 불란서 경찰서의 정탐꾼 증명을 내보였다. 이에 화가 난 부인이 "외국인 집에 함부로 침입하느냐?"고 호통을 치니, "미안합니다." 하고 가더라는 것이다.

이 부분은 김구보다는 당사자인 피치 부인 제럴딘의 회고가 가장 정확할 것이다. 김구는 제럴딘의 이야기를 안공근이나 엄항섭이 통역한 내용을 들었을 것이다. 제럴딘의 회고는 『백범일지』와 조금 다르다. 그녀가 만난 사람은 '중국인 노동자'가 아니라, '일본인을 닮은 동양인'이었으며, 만난 장소는 집 안의 '아래층'이 아니라 '정문 바깥'이었다.

어느 날 내가 쇼핑을 하고 집으로 돌아왔을 때 정문으로 다가오는 한 동양인을 만났죠. 얼마 안 되는 턱수염이 제멋대로 자란 것을 보고 무엇보다 일본인을 닮았다고 생각했어요. (제럴딘, 168쪽)

『백범일지』에서 수상한 그 사람이 "불란서 경찰서의 정탐꾼 증명을 내보여서, 피치 여사가 호통을 쳤다"는 것도 사실과는 다른 듯하다. 피치 부인은 그가 재봉사가 아니라고 확신했고, 그래서 요리사가 없다면서 정중하게 이 자를 돌아가게 했다는 것이다.

내[제럴딘]가 용무를 물으니 자신이 요리사 웅송에게 옷을 지어 줄 재봉사라고 하더군요. "요리사는 집에 없어요"라고 말하니, 그인 내 의심하는 시선 아래 떠나는 수밖에 없었죠. 나는 우리 요리사가 재봉사를 부를 리가 없을 거라고 확신했죠. 재봉사가 필요했다면 자신이 직접 가게로 갔겠죠. (애시모어, 36쪽)

『백범일지』(342~343쪽)에 의하면 이후 제럴딘은 2층으로 올라와 위기를 전하고 전화로 남편을 불렀다고 한다. 한편 제럴딘의 회고를 보면 그녀가 2층으로 올라가 안공근과 의논했으며, 안공근 등이 도피를 요청하였다고 한다.

나는 즉시 2층으로 달려가 안공근 씨에게 말했다. "일본인 스파이가 여기에 왔다간 것 같습니다. 당신들의 소재가 알려진 것이 아닌지, 그래

서 당신들 모두 위험에 처한 것이 아닌지 걱정됩니다!" (제럴딘, 169쪽)

내[제럴딘]가 우리의 한국인 손님들에게 말하니, 그들은 내가 첩자 한 명을 따돌렸다고 확신했어요. 그들은 나에게 (YMCA에 있는) 내 남편에게 집으로 와서 그의 차로 자기들을 데리고 가도록 전화를 해 달라고 부탁했어요. 그들은 즉시 떠나야 한다고 느꼈죠. (애시모어, 36쪽)

안공근 등의 부탁에 따라 제럴딘이 즉시 전화를 하였고, 당시 애시모어는 무척 바빴지만 김구 일행의 도피 요청에 응하였다고 한다.

내 남편의 목소리에 짜증이 섞여 있었던 게 기억나요. "나 지금 엄청나게 바쁘단 말이오" 하고 그가 말했죠. "우리 손님들이 위험에 빠졌다고 생각하고 있고, 당신이 즉시 오기를 원해요" 하고 내가 말했어요. 그는 전화를 끊으며 결심이 선 듯 "곧 가겠소"라고 덧붙였죠. (애시모어, 36쪽)

애시모어가 YMCA에서 차를 몰아 집에 도착했을 때 김구 일행 네 사람은 이미 소지품을 챙긴 채 떠날 준비가 되어 있었고 차가 도착하자마자 우르르 차에 올라탔다.

차의 좌석 배치에 대해서 『백범일지』는 애시모어가 운전하고, 김구와 제럴딘이 같이 앉았다는 것만 밝히고 있다. 차에 탔던 6명의 좌석 배치에 대해서 먼저 애시모어의 회고를 보자.

중국인처럼 옷을 입고 또 영락없이 중국인으로 보인 안공근 씨가 내 옆에 앉고 우리 중 가장 키가 작은 엄항섭이 그 옆에 앉았다. 뒷좌석에는 내 아내가 김구 한쪽 옆에 앉고, 창백하고 키가 큰 박찬익이 반대쪽에 앉았다. (애시모어, 36쪽)

애시모어는 부인 제럴딘이 뒷좌석에서 김구와 박찬익 사이에 앉았다고 했는데, 제럴딘 본인은 김구·엄항섭과 함께 뒷좌석에 앉았다고 한다. 약간의 차이가 있지만, 핵심은 부인 제럴딘이 뒷좌석에서 김구와 동승했다는 사실이다. 그것은 김구가 미국 여성 제럴딘과 친밀하게 보이게 하면서 "가족 소풍을 가는 태평스러운 모습"을 연출하기 위한 것이었다. 이것은 안공근의 제안이었다고 한다.

안공근 씨는 피치 여사가 동승하는 것이 특히 중요하다고 했다. 그가 표현했듯이 "미국인 여성이 차에 타면 의심을 일으키지 않을 것"이기 때문이었다. (애시모어 36~37쪽)

이상을 종합하면 피치 목사 집으로 피신하는 것도, 위기일발의 상황에서 상하이를 탈출하는 것도 영어에 유창한 안공근이 주도하였음을 알 수 있다.

탈출 루트를 찾아서

　　차를 타고 난 이후 상하이 탈출길에 대해서 제럴딘은 "우리는 프랑스 조계와 중국 영토 사이의 다리로 가는 최단거리의 길로 운전해 갔다"(제럴딘, 169쪽)고 하고, 김구는 "기차역火車站으로 가서 당일로 가흥嘉興의 수륜사창秀綸紗廠으로 피신하였다"고 밝히고 있다. 그러니까 김구 일행의 상하이 탈출의 개요는 ① 상하이-항저우 사이의 후항철도滬杭鐵道를 이용해서 자싱嘉興에 가는 것을 목표로 설정하고, ② 이를

---

① 상하이 YMCA ② 피치 자택 ③ 화이하이중로 ④ 바오젠로 ⑤ 형산로 ⑥ 쉬자후이공원 ⑥-1 자오자방 ⑦-1 톈위에교 ⑦-2 시먀오교 ⑧ 신룽화역 ⑨ 상하이남역 ▨은 프랑스 조계.

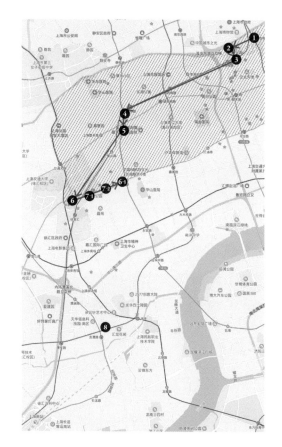

위해 애시모어의 자동차로 프랑스 조계를 벗어나 다리를 건너 중국 주권 지역에 있는 철도역으로 간다는 것이었다.

김구 일행의 상하이 탈출길은 구체적인 정보가 없어서 전모를 파악하기 무척 힘들지만, 그래도 운전을 한 애시모어의 회고가 가장 구체적이다.

> 우리는 베이당貝當로(현 형산로)를 빠져나와 쉬자후이徐家匯천으로 차를 몰아 이 천을 따라 난 길로 동쪽으로 가다 한 인도교에 도달했다. 이 다리를 넘으면 중국 영토였다. 우리는 이 지점을 넘을 수 없었지만, 우리의 친구들은 넘을 수 있었다. 하천에 있는 한두 척의 삼판선, 한두 대의 인력거와 몇 명의 중국인 보행자를 제외하고는 아무도 눈에 띄지 않았다.
> 네 사람은 차에서 살그머니 나와 각자 가방이나 짐 꾸러미를 들고 아무 작별의례도 없이 뒤돌아보지도 않고 아치 모양의 다리를 건너갔다. 그러는 동안 나는 그들이 프랑스나 일본에 의한 체포로부터 아주 안전한 중국 영토로 걸어 들어갈 때까지 차에서 아내와 함께 기다렸다. 나는 아직도 내 마음의 눈으로 애국자였던 네 사람의 등이 멀리 사라져 가는 모습을 본다. (애시모어, 37쪽)

탈출길에서 먼저 주목할 것은 프랑스 조계를 서남 방향으로 관통하는 형산로衡山路를 탔다는 사실이다. 즉, 피치는 상하이 YMCA건물(이하 지도 그림의 번호 ①)에서 출발하여 인근에 있는 자택(②)에 도착하여 부인과 김구 일행 네 명을 태웠다. 여기서 헝산로(⑤~⑥, 당시 베이당로)를 타려면 화이하이중로(③~④, 淮海中路, 당시 샤페이로)와 바오칭로(④~⑤, 寶慶路, 당시 바오젠로)를 거쳤을 것이다.

또한 헝산로를 탔다는 것은 김구 일행의 목표지점이 되는 자싱행 기차역이 상하이 서남 방향에 있다는 것을 의미한다. 1932년 당시 후항철도는 상하이북역上海北站에서 출발하여 상하이 서남쪽 신룽화역(新龍華站, ⑧)을 거쳐 자싱과 항저우로 연결되었다. 헝산로를 탔다는 것은 김구 일행이 공공조계를 거쳐야 하는 상하이북역이 아니라, 프랑스 조계지 서남쪽에 있는 신룽화역을 목표지점으로 정했다는 것을 의미한다. 당시 상하이 동남쪽(황푸구 난처잔로南車站路)에 있었던 상하이 남역에서 출발하는 열차도 신룽화역을 거쳐 자싱과 항저우로 향했기

복개된 현재의 자오자방로. 프랑스 조계의 서남
끝지점인 쉬자후이공원 내 작은 개천

1930~1940년대 자오자방 모습. 작은 나룻배인 삼판선 몇 척이 보인다.

때문에, 신룽화역은 자싱으로 가는 철도교통의 요지였다.

다음, 헝산로를 벗어나 프랑스 조계와 중국 지역의 경계선에 있는 쉬자후이徐家匯 개천을 따라 난 길로 동쪽으로 가다가 아치형 인도교에 도달하여 김구 일행이 내렸다고 한다. 쉬자후이의 개천은 역사자료를 보면 자오자방(肇嘉浜, ⑥-1)임을 알 수 있다. 현재는 복개되어 번화한 자오자방肇嘉浜로가 되어 개천의 면모를 전혀 볼 수 없지만, 1930~40년대 사진이 남아 있어 애시모어가 언급한 바와 같이 작은 나룻배인 삼판선 몇 척도 볼 수 있다. 현재 쉬자후이공원 안에도 자오자방의 영향인지 몰라도 작은 개천이 있다.

1930년대 자오자방에는 쉬자후이 지역에만 톈위에天籥교, 시먀오西

廟교, 둥먀오東廟교, 펑린楓林교, 샤오무小木교, 다무大木교 등 여러 다리가 있었다. 애시모어가 언급한 아치 모양의 인도교가 어느 것인지 정확히 알 순 없지만, 신룽화역에 이르는 길을 고려하면 쉬자후이공원 인근의 톈위에교(⑦-1)나 시먀오교(⑦-2)로 추정된다. 여기에서 정남 방향으로 내려오면 신룽화역에 이른다. 현재 신룽화역은 없어지고, 2006년 그 아래 지역에 거대한 위용의 상하이남역(⑨)이 새로 건설되어 자싱과 항저우로 이어지는, 상하이 철도교통의 남대문 역할을 하고 있다.

1947년 경교장에서 재회와 소회

1932년 5월 말, 김구 일행은 피치 부부의 도움으로 이렇게 상하이를 탈출하였다. 일본의 상하이 침략이 본격화되면서 1936년 9월 애시모어도 난징 YMCA 총간사로 임명되어 상하이를 떠나 난징으로 갔다. 애시모어가 난징으로 가기 직전인 8월 27일, 김구는 난징의 친화이허秦淮河 화이칭淮淸교에서 중국인 여자 뱃사공 주아이바오朱愛寶와 동거하면서 회갑을 맞이하였다. 김구와 애시모어는 같은 시기 난징에 있었지만 서로 만나지는 못하였다.

1937년 7월 7일 일본군은 루거우차오蘆溝橋사건을 일으키며 중국을 본격적으로 침략하였다. 8월 중국의 국민정부도 수도를 충칭으로 옮기기로 결정하였고, 김구와 임시정부도 난징을 떠났다. 그러나 애시모어는 난징에 그대로 남아 있었다. 그해 12월 일본군이 난징을 점령하고 대량 학살극을 자행하자, 애시모어는 독일 지멘스사 난징 지사장 욘 라베John Rabe 등과 함께 일본군의 학살로부터 사람들을 보호하기 위해 안전지대를 설정하였고, 이를 운영하는 국제위원회에서 활동하였다. 1939년 애시모어는 충칭으로 이동하였고, 1944년 6월 미국 무부에 대한민국임시정부에 대해 12개 항목으로 정리해 보고하기도 하였다.

한편 태평양전쟁의 발발과 함께 미국으로 돌아간 제럴딘은 한국인들의 외교활동을 적극 지원하였다. 이승만의 한미협회와 한국기독교인친한회를 적극 도왔고, 한국 독립의 당위성과 대한민국임시정부의 승인을 강조하였다. 또한 루스벨트 대통령의 부인과 회동하여 한국의 독립에 대한 관심을 호소하였고, 장제스의 부인 쑹메이링에게 편지를 보내 중국 국민당 정부의 임정 승인을 재촉했다(애시모어, 173~174쪽).

1945년 8월 세계대전이 끝나자 애시모어는 전후 복구를 위해 조직된 연합국구제부흥기관UNRRA의 중국담당관으로 활동하였고, 1947년에는 한국 YMCA 총간사로 임명되어 7월 7일 한국에 도착하여 김구와 다시 만나게 되었다. 제럴딘은 1932년을 회고하면서 그들 부부가 김구 일행을 숨겨 준 것은 "생명을 구하는 것, 협력하는 것, 만인에게 평화와 자유와 독립을 가져다주는 것"이기 때문이라고 밝혔다.

네 명의 한국인 친구들은 망명 정부를 대표했고, 김구 씨는 특히 매우 중요한 인물이었습니다. 하지만, 여러분 중 누구라도 중요한 인물이건 아니건 위험에 처한다면, 우리는 당신을 보호할 수 있을 것이고, 당신에게도 똑같이 할 것입니다. 우리는 생명을 하느님이 수호한다는 것을 믿으니까요. 하느님께서는 약한 자들에게 '복수는 나의 것이니 내가 갚아 주겠다'고 말씀하셨습니다. 한국인과 미국인 모두에게 우리의 역할은 생명을 구하는 것, 협력하는 것, 만인에게 평화와 자유와 독립을 가져다주는 것입니다. (제럴딘, 169~170쪽)

1947년 제럴딘은 김구와의 재회를 무척 기뻐하였지만, 한편으로는 김구가 "눈에는 눈, 이에는 이" 식의 "구약 유형의 인물"이라며 "폭력과 테러리즘을 통한 구식 애국주의"를 우려하였다.

나는 김구 씨 성품의 다정한 면을 안다. 우리 집에 있을 때 우리의 두 어린 아들을 예뻐한 것, 그 위험한 시기에 숨겨 준 것에 대해 늘 감사해하는 것, 나는 그가 기독교인 것을 안다. 그러나 그는 구약 유형의 인물, "눈에는 눈, 이에는 이" 부류의 인물일 것이다. … 이제 김구 씨는 고국에 돌아왔다. 폭력과 테러리즘을 통해 추구하는 그의 구식 애국주의가 바람직한 목적을 달성할 수 있을 것인가? 그는 (그의 가장 철천지원수인) 공산주의자들처럼 목적이 수단을 정당화한다고 믿고 있는가? 아니면 그는 민주주의가 민주적 절차를 통해 성취되어야 한다고 믿고 있는가? 나는 모른다. (제럴딘, 171쪽)

실제 김구는 해방 이후 「나의 애독서愛讀書」라는 글에서 "『성서』 특히 구약은 민족사적 관점에서 볼 때에 기독교도가 아니라고 하여도

읽을 필요가 있다"(『자유신문』1949. 3. 19.)고 언급한 적이 있다. 자신의 집에서 20일 정도 같이 생활해 본 경험을 바탕으로 제럴딘은 김구를 "구약 유형의 인물"이라 평한 바 있다. 그러나 김구의 속마음을 여전히 헤아릴 수 없다며 김구를 "아무도 모르는 한국 지도자The Korean Leader Nobody Knows"라 명명하였다. 다만 자유라는 목적이 폭력 행위라는 수단을 정당화한다고 생각한다면 약속된 독립의 땅을 보지 못할 것이라 평가하였다(제럴딘, 172쪽).

제럴딘은 김구의 속마음을 모른다고 했지만, 정작 1949년 6월 26일 그런 김구가 도리어 암살될 줄은 몰랐을 것이다. 김구가 암살된 이후 1949년 8월 8일 피치 부부는 미국으로 돌아갔지만 이후에도 한국과의 관계를 지속하며 구호 및 원조활동에 종사했다. 이러한 활동에 힘입어 애시모어는 1952년 1월 8일 대한민국정부로부터 문화공로훈장을 수여받았고, 1968년 3월 1일에는 건국훈장을 수여받았다.

1932년 피치 부부와 김구의 운명적 인연은 많은 것을 생각하게 한다. 중요한 것은 한국 독립운동에는 단순히 한국인들만의 반일투쟁이 아니라 비슷한 처지의 중국인은 물론, 미국인 등 서양인들과도 같이할 수 있는 보편적 가치가 분명히 있었다는 점이다. 인간의 자유, 생명에 대한 존중, 민족을 넘어서는 인류애 등 약소국의 민족운동은 이러한 보편적인 토대와 결합되어야만 세계사적 의미가 있고, 또한 성공할 수 있을 것이다.

자싱, 메이완가

하이옌, 자이칭별장

항저우, 옮겨 온 임시정부

자싱·하이옌·항저우

자싱, 메이완가

이혜린

피난 생활의 시작

자싱嘉興 메이완梅灣가는 중국 강남 수향水鄕 마을의 전통적인 풍모가 느껴지는 곳이다. 현재는 자싱시의 역사문화지구로 지정되어 있으며 문화·여가·오락·상업이 어우러진 복합적인 장소이다. 메이완가의 외형은 중국의 전통 가옥이 즐비한 여느 마을과 같을지 모르지만 그곳에서 우리는 여러 가지를 생각해볼 수 있다. 누군가는 신변의 위협을 피해 떠난 이의 고독하고 불안한 마음을 느낄 수 있을 것이고, 또 다른 누군가는 한중우호韓中友好의 흐뭇한 장면을 떠올릴 수 있을 것이다. 바로 이곳에 '김구 피난처'와 '대한민국임시정부 요인 거주지'가 보존되어 있기 때문이다.

가흥[자싱]에는 산이 없으나 호수가 낙지발같이 사방으로 통하여, 7~8세 어린아이라도 다 노를 저을 줄 알았다. 토지는 극히 비옥하여 각종 물산이 풍부하며 인심과 풍속이 상해와는 딴 세상이었다. 상점에 에누리가 없고 가게에 고객이 무슨 물건을 놓고 잊어버린 채 갔다가 며칠 후 찾으러 오면 잘 보관하였다가 공손히 내어주는 것은, 상해에서 보기 힘든 아름다운 풍습이었다. (『백범일지』)

김구에서 장진구로

1932년 4월 29일 윤봉길의 홍커우 의거 후 일제의 검거를 피하기 위해 김구는 미국인 피치 목사의 집에서 20여 일 동안 은신하고 있었다. 그러나 더 이상 상하이에 머물 수 없는 지경에 이르렀다. 그에게 현상금 60만 원이 걸렸고, 일본은 프랑스 조계 당국의 관할권을 침범하면서까지 김구 체포에 열을 올렸다. 김구는 피치 부부의 도움을 받아 자동차를 타고 기차역으로 가 자싱으로 가는 열차에 몸을 실었다. 그 길로 자싱 수륜사창秀綸紗廠으로 갔다. 그곳은 폐쇄된 면사 공장으로 은신처로 제격이었다. 이로써 김구의 자싱 피난 생활이 시작되었다. 김구는 자싱에서 지내면서 가명을 사용하기로 했다. 성은 할머니의 성을 따라 '장張'으로 하고 이름을 '진구震球' 혹은 '진震'이라 하였다. 신분은 중국 광둥廣東 출신의 상인으로 위장했다.

김구의 피난을 도운 추푸청 집안

김구의 자싱 생활은 한 중국인 가족이 물심양면으로 그를 도왔기 때문에 가능했다. 윤봉길 의거가 일어나자 중국인 사회에서 한국 독립운동에 관한 동정 여론이 일어났다. 게다가 김구가 사건의 전모를 밝히는 성명을 발표하자 중국 신문들은 그를 '조선 혁명의 수령'으로 일컬었다. 이런 정황에서 국민당 정부도 김구의 신변에 관심을 보이게 되었다. 당시 장쑤江蘇성 주석으로 있던 천궈푸陳果夫는 부하 샤오정蕭錚에게 김구와 관련 인물들이 상하이를 탈출할 수 있도록 하고 이후에 필요한 것들을 해결해 주도록 지시했다. 한국 측에서는 중국 국민당 정부와 관계를 맺고 있던 박찬익이 김구와 임시정부 요인들의 피난을 위한 교섭에 나섰다. 이들은 자싱의 유력자 추푸청褚輔成과 접촉했다.

그러나 더 이상 상하이에 머물기 어려운 상황에서 필자[샤오정]와 동향인 인주푸殷鑄夫 선생이 전前 저장성정부 주석 추푸청 선생과 연락을 취해 김구 일행이 잠시 자싱의 추 선생 집에 머물 수 있도록 주선하였다 … 천궈푸 선생의 밀명을 받고 항저우에 도착한 나는 먼저 뤄샤톈羅霞天 동지의 부인인 장이톈江一天 여사를 찾았다. 추푸청 선생의 비서를 지낸 뤄샤톈 동지는 나와 함께 독일에 파견되었으나 아직 귀국하지 않은 상태였다. 장 여사가 여전히 추푸청 선생 집안과 왕래하고 있다는 사실을 파악한 나는 장 여사에게 자싱으로 가서 추 선생의 의견을 구해 주기를 청하였다. 얼마 뒤 자싱에서 항저우로 돌아온 장 여사는 추 선생 및 선생의 며느리인 주자루이朱佳蕊 여사의 뜻을 전하였다. 장 여사는 추 선생이 김구 일행의 자싱 생활은 전적으로 자신이 책임질 것이라 하였으며, 며느리인 주 여사는 자싱보다는 자신의 친정이 있는 하이옌海鹽현에 적당한 거주지를 마련하는 것이 더욱 안전할 것이라고 제의하였다고 전하였다. (샤오정,「한국의 광복을 위한 중국정부의 지원에 대한 회상」,『대한민국임시정부자료집』 25권, 한국사데이터베이스)

추푸청은 신해혁명 후 저장浙江성 군정부軍政府의 민정장과 참사, 국회중의원 의원 등을 역임하였고, 1932년 당시에는 상하이 법학원장이자 상하이 항일구원회 회장이었다. 김구가 임시로 피신한 수륜사창은 추씨 집안 대대로 운영해 오던 면사 공장인데 세계 대공황으로 폐쇄된 상태였다.

자싱으로 피신한 김구는 추푸청의 양아들인 천퉁성陳桐生의 별채에 머무르게 되었다. 이곳은 수륜사창과 강을 사이에 두고 마주 보는 2층의 목조 주택으로 현재 '김구 피난처'라고 불리는 메이완가 76호였다. 김구가 침실로 사용한 2층 방 한쪽 구석에는 긴급한 경우 사용할 수 있도록 비상 탈출구가 만들어져 있다. 비상 탈출구를 통하면 배 한 척이 나오는데, 이곳의 지형적 특성을 이용하여 위험한 상황에서 재빠르게 벗어나기 위한 방안이었다.

김구보다 2주 정도 앞서 임시정부 요인들과 그 가족들이 자싱으로 피신했다. 이들이 머문 곳 역시 추푸청과 그의 아들 추펑장褚鳳章의 집이었다. 메이완가 76호와 300미터 정도 떨어진 이곳에서 이동녕·박

찬익·엄항섭·김의한과 그들의 가족이 약 2년간 머물렀다. 그리고 김구의 어머니인 곽낙원과 두 아들도 본국에서 자싱으로 와서 이들과 함께 머무르게 되었다.

추푸청 집안은 김구에게 피난처를 제공했을 뿐만 아니라 '김구 피난처'를 기념관으로 만들 때에도 도움을 주었다. 추푸청의 손녀 추리전褚離貞에 따르면, 1990년대 김구의 아들 김신이 아버지의 발자취를 찾을 때 중국정부가 김구 피난처의 존재를 인지했다고 한다. 그 후 이 일대에 살던 사람들을 이주시키고 현재의 기념관으로 만들었는데, 이때 추푸청 집안이 사비를 보탠 것이다. 메이완가 '김구 피난처' 바로 옆

메이완가 76호 김구 피난처

추푸청사료진열실

에는 '추푸청사료진열실'(메이완가 70~72호)이 있다. 나란히 서 있는 두 건물은 마치 이국의 망명가들을 돌본 추푸청 집안과 그에 기대어 피난 생활을 이어 나간 이들을 상징하는 듯하다.

어머니 곽낙원

김구가 윤봉길 의거의 주모자로 지목되자 본국에 있던 김구 가족의 신변 역시 안전하지 못했다. 주변에서는 김구의 가족을 자싱으로 데리고 와야 한다고 나섰다. 김구의 어머니 곽낙원은 아들의 일에 방해가 될지 모른다며 극구 만류했지만 "어머님이 움직이는 것은 한 개인의 문제가 아닌 임시정부 전체의 문제가 될 수도 있다"는 설득 끝에 중국으로 오게 되었다.

그러나 일본 경찰의 허가를 얻어 출국하는 것은 불가능했다. 곽낙원은 집을 고치고 살림살이를 마련하여 마치 그곳에서 오래오래 살 것처럼 꾸몄다. 그런 다음 쏭허松禾에 사는 동생의 병문안을 간다며 비밀리에 출국했다. 다롄大連에서 일본 경찰이 검문하자, 김구의 큰아들 김인이 기지를 발휘하여 "어린 동생과 늙은 할머니를 웨이하이웨이(威海衛, 현재 산둥성 웨이하이시) 친척집에 맡기러 간다"고 하였다. 무사히 일본 경찰의 검문을 통과한 김구 가족은 상하이에서 하룻밤을 묵고 자싱으로 왔다. 당시 난징에 있던 김구는 어머니가 오셨다는 소식을 듣자마자 자싱으로 출발했다. 9년 만의 모자 상봉이었다.

중국인들과 함께한 임시정부 가족(1933)
어린이 왼쪽부터: 김자동(김의한 아들), 엄기동(엄항섭 아들), 엄기선(엄항섭 딸)
맨 앞줄 왼쪽부터: 천퉁성 부인, 정정화(김의한 부인),
민영구 어머니, 연미당(엄항섭 부인), 주자루이(추평장 부인)
둘째 줄 왼쪽부터: 천퉁성, 신원 미상, 김의한, 이동녕, 박찬익, 김구, 엄항섭, 추평장

    임시정부 요인들이 자싱에 있을 때 곽낙원의 생일을 맞은 적이 있
었다. 정정화와 연미당은 중국 명사들이 김구를 찾아오는 일이 잦으니
좀 더 나은 옷이 필요하겠다는 생각으로 비단 솜옷을 사다 드렸다. 그
러나 곽낙원은 "지금 우리가 생활할 수 있는 것은 온전히 윤 의사(윤봉
길)의 피 값이니 당장 물리라"고 하며 호통을 쳤다. 어쩔 수 없이 환불
하려 했으나 돈으로 바꿀 수 없어서 순 양모로 된 비교적 고급스러운

옷으로 바꿨다고 한다. 곽낙원은 그것에 대해서는 보통 옷감으로 생각했는지 아무 말이 없었다.

곽낙원은 배움이 길지 않았으나 여느 지식인 못지않게 침착하고 대범하며 경우가 밝은 분이었다고 한다. 또한 임시정부 요인들의 정신적 기둥으로 충분한 분이었다. 혈육으로는 김구의 어머니였지만 이미 어느 한 사람의 어머니가 아니었던 것이다. 말없이 앉아 계신 것만으로도 큰 힘이 되는 분. 평소에 한마디씩 건네는 말씀 속에 소박하고 의기 서린 인품이 고스란히 배어 나오는 분. 정정화는 이러한 김구의 어머니에 대해 "위인의 어머니는 더욱 위인다웠다"고 회상했다.

김구가 둘러본 자싱의 명소들

자싱으로 온 김구는 천퉁성 부부의 안내를 받아 여러 명소를 구경했다. 자싱의 유명 관광지 난후南湖, 한 승려의 불굴의 정신을 기리기 위한 쉐인쓰血印寺, '부신독서負薪讀書' 고사의 주인공 주마이천朱買臣의 묘와 뤄판팅落帆亭이었다. 김구는 『백범일지』에 이 명소들을 소개한 뒤, "그러한 사적을 두루 살펴보았다"라고 간결하게 서술했는데, 필자는 이 담담한 서술이 애달프게 느껴졌다. 막 일제의 감시망을 벗어난 사람이 어찌 여행 온 기분으로 명소들을 둘러볼 수 있었겠는가. 어쩌면 김구는 천퉁성 부부가 자싱의 이곳저곳을 구경시켜 주겠다고 하니 거절하지 못하고 마지못해 따라나섰을지 모른다. 언제 일본 경찰이들이닥칠지 모르는 상황에서 그는 빼어난 경관이나 유서 깊은 장소에 감동받을 마음의 여유가 없었을 것이다.

난후

자싱의 난후는 중국의 국가 5A급 관광지로 지정되어 있는 유명 관광지이다. 높은 등급의 관광지라 그런지 난후에는 많은 중국인들이 구경하고 있었는데 그들은 군복을 입고 있거나, 중국공산당을 상징하는 깃발을 들고 있거나, 혹은 가슴에 중국공산주의청년단의 배지를 달고 있었다. 중국공산당이 성립한 곳을 보기 위한 발걸음들이었다. 1921년 8월 이곳 난후에 띄운 배에서 중국공산당 제1차 전국대표대회가 개최되었던 것이다. 필자는 중국인들과 섞여 배를 타고 후신다오湖心島라는 섬으로 들어갔다. 그들이 보려는 것과 대상은 달랐지만 여행의 목적은 같았다.

누군가의 발자취를 따라가 보는 것, 역사의 현장을 생생하게 느껴보는 것. 필자가 후신다오로 간 까닭은 그곳에 김구가 구경했다는 옌위러우烟雨樓가 있기 때문이었다. '옌위러우'라는 이름은 두목杜牧의 시 「강남춘江南春」에서 따왔다.

千里鶯啼綠映紅(천리앵제녹영홍)
천리 멀리 꾀꼬리 소리에 푸른 잎에 붉은 꽃이 어우러지고

水村山郭酒旗風(수촌산곽주기풍)

강마을 산마을에는 술집 깃발이 곳곳에서 펄럭이네

南朝四百八十寺(남조사백팔십사)

남조 때의 사백팔십이나 되는 절들

多少樓臺烟雨中(다소누대연우중)

그 많은 누대들이 보슬비 속에 싸여 있구나

　해가 쨍쨍한 여름날의 방문이라 시인이 말한 정취를 느끼지는 못했다. 보슬비가 내리는 호수와 물안개 속으로 멀리 보이는 옌위러우를 상상할 수밖에 없었다. 그리고 옌위러우 2층 전각에 올라 넓게 보이는 난후와 자싱 시내를 바라보았다. 건륭제가 이곳에 올라 20여 수의 시를 짓고 옌위러우의 모습을 칭송했다고 하니 저 절경은 옛 황제도 흠모하던 것이었다. 그러나 옌위러우는 한때 점령자의 식당으로 사용되기도 했다. 1937년에 일본군이 자싱을 점령하고, 이듬해인 1938년부터 옌위러우를 화중철도공사華中鐵道公司의 식당으로 사용했던 것이다.

　옌위러우를 내려오면 누각 앞에 정박되어 있는 배가 있다. 중국공산당 제1차 전국대표대회에 사용된 홍선紅船의 모형이었다. 비록 모형이지만 사진을 찍기 위한 인파가 굉장했다. 필자는 사진 찍는 이들이 눈길을 주지 않는 작은 배에 관심이 갔다. 메이완가 김구 피난처에서 본 배와 흡사했기 때문이었다.

　김구는 메이완가 76호 천퉁성의 집에 숨어 있는 것이 불안할 때 난후에 배 한 척을 띄워 놓고 그곳에서 은신하기도 했다. 한번은 김구가

난후 중국공산당 제1차 전국대표회의에 사용된 홍선 모형

김구가 피신에 사용한 배 모형

무료함을 달래려고 둥먼東門으로 가는 대로변 광장에 나간 적이 있었다. 그때 조련장 군관 하나가 김구의 정체를 의심했고 결국 그는 보안대 본부에서 취조를 받게 되었다. 다행히 천퉁성의 보증을 얻어 풀려났지만, 신분 노출의 위험을 줄이기 위해 주아이바오朱愛寶라는 여자 뱃사공과 함께 지내기로 하였다. 이후 김구는 "오늘은 남문 호수에서 자고, 내일은 북문 강변에서 자는" 생활을 했다. 이곳 난후와 난후 주변으로 뻗친 강에서 김구와 주아이바오의 선상 생활이 이어진 것이다.

중국의 소설가 샤녠성夏輦生은 이러한 이야기를 『선월船月』(범우사, 2000)이라는 작품으로 썼다. "김구 선생의 가흥 피난기"라는 부제가 달린 이 소설에서는 김구와 주아이바오의 비극적인 사랑과 긴박한 김구의 피난 생활을 낭만적 필치로 그리고 있다.

그녀는 자신과 그의 운명이 한배에 얽매여 있다고 생각하였다. 그의 말을 따르면, 이 배는 움직이는 물고기마냥 떠다니며 멈추지 않았다.

———

난후 옌위러우

그녀는 언제나 이 배를 향해 펼쳐 오는 그물을 경계하며 피하기 위해
최대의 노력을 기울였다.

하늘이 어두워지기만을 기다려 비로소 갈대가 무성한 늪지에서 숨을
만한 장소를 찾아 쉬곤 하였다.

조마조마해하며 배를 저었으니 팔다리만 피곤한 것이 아니었다. 이틀
을 계속 그렇게 하다 보니, 아이빠오[주아이바오]는 눕자마자 잠이 들
정도로 피곤하여 꿈도 꾸지 않았다. (『선월』 402쪽)

난후는 김구 개인에게뿐만 아니라 임시정부의 역사에서도 중요한
장소이다. 임시정부가 상하이에서 막 피난 나왔을 때의 일이다. 항저
우에서 국무회의가 열렸는데 이 회의에서 중국 측이 제공한 지원금을
둘러싸고 분쟁이 일어났다. 김구가 중국 조야에서 보내온 돈을 착복하
였다는 소문, 김철·조소앙 등이 윤봉길의 유가족과 안창호 가족의 생
활 보조비를 갖고 있다는 소문 등 근거 없는 루머가 끊이지 않던 상황
에서 일어난 분쟁이었다.

결국 김구는 임시정부를 떠나 독자적으로 활동하며 한동안 임시정
부와 소원하게 지냈다. 다시 김구가 임시정부로 복귀한 것은 2년 7개
월 만인 1935년 11월이었다. 임시정부가 폐지될 위기에 놓이자 임시
정부 요인들과 김구는 임시정부에 관해 협의하고 임시정부를 유지하
기로 의견을 모았다. 김구와 이동녕·엄항섭·안공근·안경근 등은 자
싱 난후에 놀잇배를 띄우고 회의를 개최하였다. 이로써 김구는 임시정
부 국무위원에 복귀하게 되었다.

쉐인쓰의 고사

김구는 『백범일지』에 "서문 밖 삼탑"에 관한 이야기를 적었는데, 사실은 삼탑이 아니라 쉐인쓰에 관한 이야기이다. 쉐인쓰는 삼탑에서 걸어서 5분 정도 걸리는 곳에 있다. 쉐인쓰는 '자싱시 중점문물보호단위'로 지정되어 있으며 외벽이 황금색으로 칠해져 있어서 멀리서부터 눈에 띈다. 쉐인쓰에서는 그 명칭의 유래에 대해 다음과 같이 소개하고 있다.

> 명나라 이전에 악충무왕묘岳忠武王廟라는 사당이 있었다. 규모가 꽤 크고 향불이 왕성하게 타오르는 곳이었다. 청나라 순치順治 2년(1645) 즈음에 왜구가 성을 교란하고 부녀자 수십 명을 납치해 사당 안에 가두었다. 그런데 마음씨가 자비로운 승려 한 사람이 왜구가 없는 틈을 타 갖은 방법을 다해 갇혀 있던 부녀자들을 구출하고 도망치게 했다. 왜구는 크게 노하여 승려를 돌기둥에 묶고 화살을 무수히 쏘고 불태웠다. 승려의 선혈이 돌기둥에 잔뜩 튀어 정경情景이 잔인하였다.

쉐인쓰 입구에는 돌로 된 문이 있는데 왼쪽 돌기둥에 붉은 흔적이 있다. 그것의 모양은 무릎을 꿇고 앉아 있는 승려의 옆모습 같아서 마치 왜구에게 살해된 승려의 혈흔이 돌기둥에 새겨져 있는 듯하다.

그러나 『가흥부지嘉興府志』의 이야기는 자못 다르다. 한 승려가 사당 안에 갇혀 있던 부녀자들을 풀어 주고 잔인하게 살해당했다는 이야기

쉐인쓰(왼쪽), 쉐인쓰 돌기둥(오른쪽)

는 같지만, 그렇게 한 것은 왜구가 아니라 청나라 군대였다. 청군이 왜
구로 바뀌어 묘사된 것은 청대 중기 이후였다. 위웨俞樾 등이 쓴 필기소
설筆記小說에서 이야기의 배경에 대해 '명나라 가정 연간 때 왜적이 침
범한 것'으로 묘사한 것이다. 그리고 1925년에 이르러 현재와 흡사한
형태로 쉐인쓰가 건립되었다. 당시 자싱지사였던 웨이다오펑危道豐이
왜구에 대항한 승려의 충의와 불굴의 정신을 기리기 위해 전각을 짓
고 비석을 세웠다. 이곳은 자싱 주민들에게 기념할 만한 항일의 역사
적 장소였던 것이다.

김구가 이곳을 지날 때, 쉐인쓰는 세워진 지 7년 정도밖에 되지 않은 곳이었다. 사찰의 전각이나 비석은 크게 인상에 남을 만한 것이 못 되었다. 그러나 그곳의 고사는 한 귀로 듣고 흘릴 만한 이야기가 아니었다. 김구는 왜구에 대항하다 죽은 승려의 고사를 듣고 무슨 생각을 했을까? 그런 상상을 하며 필자는 돌기둥의 핏빛 그림자를 유심히 보았다. "후일 지하에서 만납시다." 김구가 윤봉길에게 목멘 소리로 한 작별의 말. 그 말을 떠올리진 않았을까?

뤄판팅, 주매신과 그의 아내

부신독서負薪讀書, 이는 '장작을 등에 짊어진 채 책을 읽다'라는 뜻이다. 한무제 때의 정치가 주매신朱買臣이 젊은 날 힘들게 공부했던 것에서 유래한 고사성어이다. 주매신은 가난하여 땔감을 팔아 생계를 이어 갔다. 하지만 그는 책을 좋아하여 늘 땔감을 지고 책을 읽는 '서치書癡'였다. 하루는 부인이 보리 나락을 보라고 부탁하고 나갔는데 책 읽기에 몰두한 나머지 소나기가 내리는 것을 알지 못하여 보리를 떠내려 보냈다. 주매신의 부인은 가난을 견디다 못해 그의 곁을 떠나 재가하였다. 그 이후 주매신은 관직에 올라 태수가 되어 고향으로 돌아왔다. 그는 헤어진 부인과 그의 남편까지 불러 도와주었으나, 부끄러움을 이기지 못한 부인은 뤄판팅落帆亭 앞의 강으로 뛰어들어 죽었다.

자싱은 대운하에서 남쪽으로 오가는 선박이 끊이지 않아 돛이 숲처

럼 길게 늘어서는 곳이었다. 배는 갑문閘門을 통과해야 돛을 내릴 수 있
는데, 누군가가 갑문 서쪽에 정자를 짓고 뤄판팅(落帆亭, 낙범落帆은 돛을
내린다는 뜻)이라고 명하였다. 뤄판팅은 갑문 근처에 있었기 때문에 상
인과 문인들의 놀이터가 되었다. 건립된 시기에 대한 기록은 없으나,
북송 시기(1068년)에 중수했다는 기록이 있고 이후 여러 차례 재건과
중수가 이루어졌다. 김구가 구경한 뤄판팅은 1921년 자싱주업嘉興酒業
이 모금하여 만든 건물로 추정된다. 이후 문화대혁명 시기 심하게 파
괴되었다가 1981년에 와서 '자싱시급문화재'로 지정되어 보수와 정비
가 이루어졌다. 현재 뤄판팅이 있는 공원 안쪽에 주마이천 부인의 무
덤이 있었다고 전하며 그와 관련된 이야기를 적은 수묘비기羞墓碑記가
세워져 있다.

하이옌, 자이칭별장

산수로 마음을 달래다

이혜린

일본은 김구를 체포하기 위해 상하이 – 항저우 철로를 수색하였는데, 자싱은 철로의 중간 지점이어서 자싱까지 일본 경찰이 파견되기에 이르렀다. 김구는 더 이상 자싱에 머물 수 없었다. 사람들의 이목을 피하기 위해 다시 피난을 떠나야 했다. 추푸청·추펑장·주자루이는 의논하여 김구를 주자루이의 친정으로 피난시키기로 했다. 김구는 윤선을 타고 자싱을 떠나 하이옌으로 가 자이칭載靑별장에서 약 6개월간 생활하였다.

자이칭별장은 추푸청의 며느리 주자루이의 집안에서 소유하고 있던 여름 별장이다. 소유자는 1916년 하이옌의 문인 주찬칭朱贊卿으로 중국식과 서양식 건축이 결합된 독특한 별장이었다.

1997년 하이옌현 중점문물단위로 지정되었고, 2001년에 이곳을 김구 전시관으로 증축하였으며 자이칭별장이라는 이름 대신 '김구 피난처'라는 이름을 쓰고 있다.

활동사진으로 남기고 싶은 그날

주자루이는 하이옌 사람으로 1923년 자싱사범학교를 졸업하였다. 1931년에 추푸청의 아들 추펑장과 결혼하여 이듬해 아들을 낳았다. 김구를 하이옌으로 피신시킨 1932년 7월 즈음은 출산한 지 얼마 안 된 시기였다. 김구와 주자루이는 주자루이의 친정집인 주씨 사택에서 하룻밤을 묵었다. 주씨 사택은 하이옌현에서 가장 큰 규모의 집으로,『백범일지』에 묘사된 것만 보아도 그 규모가 매우 광대했음을 알 수 있다.

대문 안에 정원이 있고, 다시 좁은 문으로 들어가면 사무실이 있어 그곳에서 집안일을 담당하는 총경리가 매일 주씨 댁 생계를 맡아 꾸려갔다. 종전에는 400여 명 식구가 공동식당에서 식사하였는데 … 사택의 가옥구조는 벌집과 같은데 가옥마다 3~4개의 방이 있고, 앞에는 화려한 객청 한 칸씩이 딸려 있다. 이러한 구식건축 뒤에 몇 개의 2층 양옥, 그 뒤에 화원, 그 뒤에 운동장이 있었다.

그러나 주씨 사택은 일본이 진산웨이金山威에 상륙하여 하이옌을 함락하였을 때 불타 버려 현재는 남아 있지 않다.

　　하이옌에 도착한 다음 날, 김구는 자이칭별장으로 향했다. 김구는 이 여정을 마음 깊숙이 새기려 했던 것 같다. 뿐만 아니라 자신과 일행이 산을 넘어가는 모습을 활동사진으로 담아 자손 대대로 전해 주고 싶다고 생각했다. 당시 주자루이는 출산한 지 얼마 되지 않았으나 7~8월의 불볕더위 속에서 기꺼이 김구와 동행했다. 김구는 그러한 주자루이의 마음 씀씀이에 더 큰 고마움을 느꼈을 것이다. "우리 국가가 독립이 된다면, 우리 자손이나 동포 누가 주 부인의 용감성과 친절을 흠모하고 존경치 않으리오." 활동사진으로 남기지 못한 그날을 그는 기록으로 남겼다.

　　지금은 길이 잘 정비되어 자이칭별장 앞까지 자동차로 갈 수 있다. 하지만 특별한 여정에 동참하고 싶었다. 먼저 『백범일지』에 적힌 여정을 정리하고 현재 지명을 확인해야 했다. 『백범일지』에 따르면 김구는 자동차로 '노리옌盧里堰'에서 하차하여 '서남산령西南山嶺'까지 5~6리를 걸었다. 산꼭대기에 주씨 집에서 건축한 정자가 있고, 그곳에서 다시 걷기 시작하여 자이칭별장에 도착했다.

　　중국 항저우대학 교수 주훙다朱宏達·우제민吳潔敏이 1997년에 쓴 논문에 의하면 노리옌은 '샹리옌向里堰'으로 현재의 '류리六里진', 서남산령은 '예야링野鴨嶺'이라는 80미터 정도의 작은 봉우리라고 한다.

　　현재 자이칭별장 근방에 류리진이라는 지명은 없고 류리촌六里村이라는 마을이 있다. 마을 어귀에 있는 류리촌당군복무중심六里村黨群服

務中心에 들어가 직원에게 이곳이 옛 샹리옌인지 물었다. 그는 이곳은 샹리옌이라고 불린 적이 없으며 옛 이름은 '루리옌用里堰'이라고 했다. 70~80년 전 즈음, 지명을 쉬운 한자로 바꾸는 움직임이 있었다고 한다. 따라서 '루用'와 발음이 비슷하고 쉬운 한자 '류六'로 바꿔 류리옌이라고 불렀다. 중국어 논문을 번역하는 과정에서 글자를 착각하여 '루리옌用里堰'을 '샹리옌向里堰'으로 번역한 듯하다. 그렇다면 김구가 이곳을 "노리언"이라고 적은 까닭도 중국어 발음에 있지 않을까? 과연 사전을 찾아보니 '노(盧, [lú])'의 발음은 '록(角, [lù])'과 비슷했다.

　친절한 중국인 직원은 멀지 않은 곳에 '김구소도金九小道'가 있으니 가 보라고 했다. 김구소도가 무엇인지 가 보지 않고는 알 수 없었다. 차로 2분 정도 가니 '좐수이우轉水塢'라는 표석이 나왔다. 거기서 조금 더 들어가니 김구소도가 보였다. 돌로 만든 비석이었다. 이 비석을 바라보고 오른쪽으로 오솔길이 보였다. 이 길이 김구와 주자루이 일행이 올라간 길, 김구가 영상으로 남겨 자손에게 남겨 주고 싶어 했던 바로 그 길이었다. 비석 뒤로 산봉우리가 보이는데 그곳이 서남산령, 즉 예야링이고 그 사이로 자그마하게 정자가 보였다. 김구 일행이 잠시 쉬었던 정자였다! 그러나 한동안 사람들이 오가지 않았는지 풀이 무성하고 길이 끊겨 더 올라가기는 어려웠다. 하는 수 없이 차를 타고 자이칭별장에 갔다. 그곳의 문화해설사에게 지금까지의 일을 이야기하니 김구가 자동차에서 내렸다는 '노리언'은 '좐수이우' 표석이 있는 곳이라고 말해 주었다.

쫜수이우 문화촌락
김구 일행은 이곳에 내려 자이칭별장까지 걸어갔다.
ⓒ이혜린

자이칭별장에서 보낸 6개월

자이칭별장은 난베이후풍경명승구南北湖風景名勝區의 산 중턱 명인문화구名人文化區 안에 있다. 북으로 관인산, 남으로 만창산이 있으며 난베이후를 마주 보고 있다. 1916년 주자루이의 숙부 주찬칭이 피서를 위해 지었으나, 폐병에 걸린 후에는 이곳에서 요양을 하였다. 주찬칭이 죽은 뒤 그는 별장 서쪽에 묻혔고 자이칭별장은 주찬칭의 묘를 돌보고 제사를 지내는 곳으로 사용되었다. 건물은 부지가 높고 돌로 쌓은 베란다가 있어서 호수와 산의 경치를 한눈에 바라볼 수 있는 구조였다.

김구는 14년간 상하이에서 생활했지만 상하이 주변의 산천을 구경할 여유가 없었다. 사람들로부터 난징, 쑤저우, 항저우의 자연경관에 대한 이야기를 듣기만 할 뿐 그것을 즐길 상황이 아니었다. 그는 자이칭별장에서 6개월을 보내며 비로소 자연경관을 즐길 수 있게 되었다. 가을이 되면 자이칭별장 주변에는 푸른 소나무와 오구나무의 홍엽紅葉이 어우러져 그 정취가 일품이라고 한다. 김구는 난베이후의 추경秋景에 감탄하면서 동시에 가을바람의 쓸쓸함을 느꼈다. 아무리 좋은 경치를 보고 좋은 대접을 받아도 나그네의 처지는 그런 법이다. 독립운동을 위해 타국으로 망명한 나그네, 상하이를 쫓기듯 떠난 나그네 김구의 마음 한편은 쓸쓸했을 것이다.

문화해설사의 안내를 받아 주찬칭이 지은 정자로 향했다. 작은 마을을 지나 산길로 올라가야 했다. 집집마다 이 고장 특산물인 귤나무를 키우고 있었는데 영글지 않은 푸른 귤이 주렁주렁 달려 있는 풍경이 정겨웠다.

주찬칭은 정자 기둥에 다음과 같은 주련柱聯을 적어 교묘하게 자이칭별장의 '재청載靑'을 넣었다. 또 '재청'은 하이옌 방언으로 '찬칭贊卿'과 같은 음이라 하니, 이 정자의 주련과 주인의 이름이 서로 조화를 이루고 있었다.

極目水雲低 載酒林亭消永晝(극목수운저 재주림정소영주)
구름 낮게 깔린 물가를 멀리 바라보며
숲속 정자에 술상 갖추고 긴 낮을 소일한다
昻頭消漢近 靑山紅樹好安身(앙두소한근 청산홍수호안신)
머리 드니 푸른 하늘 가까이 있어
푸른 산에 단풍 들면 몸을 편히 누일 만하네

무더운 여름날이라 짧은 산행에도 땀이 비 오듯 흘렀다. 잠시 정자에 앉아 아래를 내려다보았다. 숲이 우거져 있어서 김구가 올라왔다는 길을 보기 어려웠다. 다만 그도 이 정자에서 잠시 쉬며 저 풍경을 바라보았을 것이라 생각하니 땀을 식혀 주던 바람이 시원하면서도 쓸쓸했다.

음수사원 한중우의

『선월』을 쓴 샤녠성은 한국과 인연이 깊은 사람이었다. 샤녠성의 형부는 유수송劉秀松으로 김구의 경호원이었던 유평파劉平波의 아들이었다. 유평파가 난징에서 병으로 세상을 떠난 뒤 유수송은 고아원으로 보내져 자신이 누구인지 모른 채 성장했다. 1967년 그는 '남조선의 스파이'로 지목되어 고초를 겪었고, 샤녠성의 부친도 이 일에 대한 충격으로 세상을 떠났다. 샤녠성은 자신의 가족사를 계기로 한국과 중국의 관계와 인연, 역사에 대해 연구하기 시작했고 그것을 "거부할 수 없는 운명"으로 받아들였다.

샤녠성은 난징에서 태어나 청소년기를 자싱에서 보냈다. 1984년부터 16년간 『자싱일보嘉興日報』에서 문학 편집을 담당하며 작가로서 글쓰기도 시작하였다. 1989년 5월 샤녠성은 한국에 있던 형부 유수송으로부터 편지 한 통을 받았다. 편지에는 김구의 아들 김신을 도와 자싱에 있는 김구의 흔적을 찾아 달라는 부탁이 적혀 있었다. 그해 7월 김신과 샤녠성은 김구의 은신처와 관련 인물들에 대해 조사를 했다. 추푸청과 천퉁성의 후손을 만나 김구의 피난 생활에 관한 생생한 증언과 전반적인 이야기를 들을 수 있었다. 또 자싱 옌자빈嚴家濱에 살고 있는 쑨궤이룽孫桂榮을 만나 『백범일지』에 나오지 않는 일화도 수집했다. 김구가 옌자빈에서 머물 때 쑨궤이룽에게 신문을 사 오도록 하여 국내외 정세를 파악했다는 것과 엄항섭이 옌자빈으로 김구를 찾아온 이야기였다.

장 선생(김구)이 우리 집에 머무르는 동안 자싱의 엄 선생(엄항섭)이 거의 매일 작은 배 한 척을 저어 장 선생과 만나기 위해 옌자빈으로

왔다. 장 선생이 우리 집 문 앞에 있는 선착장에서 배를 타면, 두 사람
은 조용한 갈대밭 한가운데로 가서 함께 정세를 논의하였는데 한번
대화를 시작하면 반나절이었다. 대화가 끝나면 엄 선생은 장 선생을
우리 집으로 모셔다 드렸다. (쏜궤이룽의 회고)

현재 자싱 옌자빈 주변은 건축자재회사로 이용되고 있어 『백범일
지』에 묘사된 농가의 풍경을 볼 수 없었다. 하지만 쏜궤이룽의 회고를
통해 옌자빈에서 생활한 김구의 모습을 더욱 생생하게 상상할 수 있
었다.

김신 일행은 하이옌 난베이후의 자이칭별장은 찾지 못했었다. 1989년 당시 자이칭별장은 허물어지고 파괴되었기 때문이었다. 흔적만 남아 있던 자이칭별장이 수리 복원되어 김구 피난처로 개방된 것은 1995년의 일이었다. 이듬해인 1996년 6월 5일, 김신은 이곳을 처음으로 찾아와 감격에 겨워 '음수사원 한중우의飮水思源 韓中友誼'라는 여덟 글자를 남겼다. 음수사원은 '물을 마실 때 그 물이 어디서 왔는지를 생각한다'는 것으로 '근본을 잊지 않는다'는 뜻이다. 그 글귀를 가만히 음미해 보았다. 김구에게 온정을 베푼 중국인들에 대한 존경심, 한국과 중국 양국의 우호적 관계가 시작된 장소, 아버지의 자취를 찾을 수 있게 발 벗고 도와준 이들에 대한 고마움, 앞으로도 양국이 좋은 관계를 맺어가길 바라는 마음, 누구라도 김구의 여정을 따라 자이칭별장을 둘러본다면 이 여덟 글자를 쓴 사람의 진심이 무엇이었을지 어렴풋이 느낄 수 있을 것이다.

자이칭별장 입구에 있는 비석. 김구의 아들 김신이 썼다.

산수로 마음을 달래다

난베이후南北湖는 중국에서 유일하게 산과 바다, 호수를 모두 볼 수 있는 곳이다. 호수의 삼면이 산에 둘러싸여 있고 남쪽에는 바다를 접하고 있다. 난베이후의 산은 높지 않지만 작고 뾰족한 산이 빽빽하게 중첩되어 있고, 물은 깊지 않지만 굴곡이 심하다. 이런 독특한 자연풍광으로 중국 강남 지역에 이름을 떨쳤고, '상하이의 후화원後花園', '항저우의 자매호姉妹湖'라는 별명을 얻었다.

김구는 세월 가는 줄 모르고 매일 산에 오르고 호수를 구경하는 것을 일과로 삼았다. 그는 난베이후에서 산수에 주려 있던 마음을 실컷 달래었다. 산과 바다를 감상하는 일상은 김구에게 유쾌한 마음을 선사했다.

잉커딩鷹窠頂은 난베이후의 경치를 한눈에 볼 수 있는 유명한 관광지이다. 음력 10월 1일 새벽, 날씨가 맑으면 해와 달이 동시에 바다와 하늘 끝에서 떠오르는 것을 볼 수 있다고 한다. 꼭 음력 10월 1일이 아니어도 항저우만이 내려다보여 해돋이 명소로 사랑받고 있다.

김구는 자이칭별장의 묘지기를 대동하고 이곳을 올랐다. 묘지기는 우진산吳金山이라는 30세 정도의 남자였다. 농사를 지으며 묘지를 돌

잉커딩

보는 일을 했는데, 순진하고 스스로 일을 찾아서 했기 때문에 별장 주인이 즐겨 일을 부탁하였다고 한다.

하지만 김구는 장터에서 경찰에게 검문을 당한 뒤 더 이상 하이옌에 머물 수 없다고 판단했다. 자싱으로 돌아갈 결심을 하고 수일 뒤 안공근·엄항섭·천퉁성이 그를 데리러 하이옌으로 왔다. 이들은 잉커딩의 빼어난 경치를 함께 감상하고 자싱으로 떠났다. 김구는 하이옌 자이칭별장에서의 마지막 날, 잉커딩에 올라 피난 생활에 위로가 되어준 난베이후의 자연경관을 눈과 마음에 담았던 것이다.

야밤의 보타, 윈슈안

윈슈안雲岫庵은 북송 건륭建隆 연간(960~962)에 창건되었으며 암자 뒤에 관음상을 봉했다. 그러나 오랜 세월을 거치면서 옛 흔적은 거의 사라졌으며 현재 남아 있는 건축물의 대부분은 1983년 중수된 것이다. 윈슈안의 이름은 도원명의 시 「귀거래혜사歸去來兮辭」의 한 구절에서 유래했다. 그 구절은 암자 입구 주련에 적혀 있다.

> 雲無心以出岫 鳥倦飛而知還(운무심이출수 조권비이지환)
> 구름은 무심히 산골짜기를 돌아 나오고
> 날다 지친 새는 돌아올 줄 아는구나

윈슈안 입구
주련에 도원명의 시가 적혀 있다.

윈슈안 야보타문

윈슈안 쉐바오촨

원슈안은 '바다의 명산'으로 불렸으며, 관세음보살이 야밤에 보타寶陀에서 바다를 지나 여기에 머물러 휴식했다 하여 '야밤의 보타'라고 불리기도 했다.

1932년 당시 원슈안의 주지는 환갑 정도 나이의 츠신스타이慈信師太였다. 『백범일지』에 따르면 김구는 원슈안에 갔을 때 노비구니에게 암자 구석구석을 소개받았다. 이 노비구니가 츠신스타이였던 것이다. 여승은 손에 염주를 들고 말할 때마다 '아미타불'을 외는 버릇이 있었다고 하는데, 『백범일지』에 기록된 여승의 말버릇과 일치했다.

"아미타불, 멀리서 잘 오셨는지요?
아미타불, 내당을 들어갑시다. 아미타불."

원슈안 마당에는 쉐바오촨雪寶泉이라는 우물이 있다. 츠신스타이는 세상 물정에 밝아 높은 벼슬을 가진 귀빈이 오면 꼭 쉐바오촨의 물로 불전차를 대접했다고 한다.

간푸진에서의 위기

간푸澉浦진은 난베이후 부근의 오래된 마을이다. 항저우만과 인접해 있고 지세가 험준하여 예부터 해상 요충지였다. 간푸성은 1386년 왜구의 침입을 막기 위해 쌓기 시작했다. 성의 동남쪽에는 황

간푸성장 쑤우딩

간푸성장 위에서 본 간푸진

다오관黃道關이 있어 항저우만의 중요한 관문이었고, 서남쪽의 탄셴 링潭仙嶺은 항저우로 가는 육상 통로였다. 하지만 현재 간푸성의 흔적은 거의 사라지고 서문인 쑤우먼肅武門과 그 부근 성벽만이 존재한다. 2001년 하이옌현 문화재보호단위에 편입되었다.

김구는 묘지기와 함께 간푸성 내에서 열리는 장터를 구경하러 갔다. 성안에는 민가와 관청도 있었지만 외진 곳이라 장사꾼들이 많지는 않았다. 김구는 점심을 먹기 위해 국숫집에 들어갔는데 그곳의 경찰과 노동자들과 뭇사람들이 그를 주시하며 수군거렸다. 묘지기를 불러 데리고 가고, 김구에게도 직접 캐물었다. 김구는 서툰 중국어로 "광둥 상인"이라고 대답했고 묘지기도 '하이옌 주씨 댁의 손님'이라고 대범하게 이야기했다. 사람들이 수군거린 이유는 김구를 일본인으로 착각했기 때문이었다. 묘지기가 "주씨 댁 큰아가씨가 일본인과 동행하겠는가"라며 사람들에게 일렀다고 했지만 김구는 안심할 수 없었다. 경찰이 자이칭별장을 비밀리에 감시하고, 경찰국장까지 하이옌 주씨 사택에 와서 '광둥인의 정체'에 대해 조사했던 것이다. 주자루이의 부친이 김구에 대해 사실대로 말하고 경찰국장으로부터 보호를 약속받았지만, 김구는 경찰의 약속을 신뢰하지 않고 다시 자싱으로 돌아가기로 결심했다. 간푸성장을 지나 사거리에서 오른쪽으로 가면 이 지역에서 가장 오래된 난다南大가라는 길이 나온다. 김구는 이곳에 있었던 국숫집에서 검문을 받았을 것이라 추정된다.

항저우, 옮겨 온 임시정부

임시정부의 위기와 재정비 현장

이혜린

1932년 윤봉길의 의거 이후 대한민국임시정부는 일제의 삼엄한 감시와 검거를 피해 상하이를 떠났다. 항저우로 옮겨 온 대한민국임시정부가 처음으로 머문 곳은 청타이 제2뤼사였다. 군무장 김철이 청타이 제2뤼서 32호실에서 머물렀고 이곳에서 임시 국무위원회를 개최했다. 그 후 대한민국임시정부는 중국국민당의 도움으로 후볜湖邊촌 23호로 옮겼다가 1934년 11월에 다시 우푸리五福里2가 2호로 이전했다. 대한민국임시정부가 항저우로 이동함에 따라 1934년 1월 한국독립당 사무소도 항저우로 이동했다. 대한민국임시정부는 전장鎭江으로 이동하기 전까지 1932년 5월부터 1935년 11월까지 약 3년 6개월을 항저우에서 보냈다.

칭타이 제2뤼서

　　윤봉길의 홍커우 의거 이후 대한민국임시정부 요인들은 상하이를 떠날 수밖에 없었다. 개별적으로 항저우, 자싱, 난징 등지로 피신했다. 임시정부 군무부장이었던 김철은 1932년 5월 10일 상하이를 떠나 항저우로 왔다. 그는 칭타이淸泰 제2뤼서第二旅社 32호실에 머물렀다.

　칭타이 제2뤼서는 항저우 런허人和로 22호에 있으며 현재 한팅주뎬漢庭酒店이라는 호텔로 운영되고 있다. 한팅주뎬 이전에는 항저우시 인민정부상업국에 속한 국영여관인 췬잉판뎬群英飯店이었다. 그런데 런허로에 위치한 칭타이 제2뤼서는 1933년에 이전한 것이다. 따라서 김철이 머물렀던 곳은 이곳이 아니라 이전하기 전의 칭타이 제2뤼서였다.

　며칠 뒤 재무부장 김구도 항저우로 와서 쥐잉뤼서聚英旅社에 머물렀고, 이동녕·조완구·조소앙 등 임시정부 요인들도 이곳으로 도착했다. 임시정부 요인들은 칭타이 제2뤼서 청사에서 국무회의를 열고 향후 활동 방향을 모색했다. 이 회의에서 김구와 김철은 재무장과 군무장 자리를 맞바꿨다.

　　대한민국 14년(1932년) 5월 21일 국무위원 조완구·조소앙·김철·이동녕·김구는 국무회의를 열고 각종 중요사항을 결정했다. 또 약헌約憲에 근거하여 각 부서를 분담했다. 내무장 조완구, 외무장 조소앙, 법무장 이동녕, 행정 및 군무장을 맡았던 김철은 재무장으로 임명하고, 재무부장을 맡았던 김구는 군무장으로 임명했다. (『대한민국임시정부

한팅주덴(옛 칭타이 제2뤼서)

한팅주덴(옛 칭타이 제2뤼서)

한팅주덴 내부

칭타이 제2뤼서 표석

와해될 위기에 처한 임시정부

그러나 항저우로 옮겨 온 대한민국임시정부의 운영은 순탄하지 못했다. 중국과 재미在美한인으로부터 모금된 지원금을 둘러싸고 분쟁이 일어났던 것이다. 국무원들 사이의 분쟁은 일련의 폭력 사태로까지 이어져 '임시정부 판공처 피습사건', 이른바 '항저우사건'이 일어나게 되었다. 한국독립당은 이사회를 개최하여 박찬익·엄항섭·김두봉에게 사건의 진상조사를 맡겼으나 해결되지 못한 채 마무리되었다. 이로 인하여 오히려 김구와 김철 사이의 알력이 깊어져 갔다. 김철은 김구가 엄항섭을 사주하여 항저우사건을 일으켰다고 믿었고 이 과정에서 김구 계열인 박찬익·안공근·엄항섭 등이 한국독립당 이사에서 사퇴하였다. 대한민국임시정부의 국무위원들도 항저우사건으로 전원 사퇴하였다.

또한 1932년 5월 21일 자 중국신문 『시사신보時事新報』에 실린 안창호에 대한 기사도 독립운동가들 간의 갈등을 초래했다. 기사의 요지는 체포된 안창호가 윤봉길 의거와 관련이 없다는 것이었다. 그러나 안창호에 대한 설명 중에는 그를 비방하는 내용이 포함되어 있었다.

··· 한국독립운동 진영 내부 사정에 정통한 소식통에 따르면 안창호는

민국 18년(1929) 한국독립당이 개조된 뒤 원래의 총리 지위에서 물러나 일개 집행위원으로 지위가 격하되었으며 동지들로부터 이전과 같은 신임을 얻지 못하고 있었다 한다. … 또한 독립당 내에서 군사문제를 주관하는 김구와 재정을 담당하는 김철은 모든 일에 안창호를 배제하였다. 결국 별다른 일 없이 지내던 안창호는 이번 사건에 연루된 혐의로 체포되고 말았다. … (『시사신보』1932. 5. 21.『대한민국임시정부자료집』29)

이 기사는 내용도 문제였지만 그 출처가 김철의 조카인 김석金晳으로 알려지면서 안창호 지지자들의 원성을 사게 되었다. 김철과 조소앙에 대한 격분의 목소리가 일어났고 심지어 그들을 살해하겠다는 위협까지 있었다. 상하이 프랑스영사관 정보 문서에 따르면 항저우에서 김철과 조소앙에 대한 살해 시도가 있었으나 실패했다. 두 사람은 위협을 피하기 위해 쓰촨四川으로 잠시 피난을 가게 되었다.

이와 같은 불행한 일련의 사건은 독립운동가들이 각자 안전한 연고지를 찾아 흩어지고 개별적으로 활동했기 때문에 일어난 것이었다. 자연히 의사소통의 기회는 적어졌고 이로 인한 오해가 쌓여 임시정부는 와해될 위기에 처하게 되었다.

항저우 대한민국임시정부기념관

대한민국임시정부는 칭타이 제2뤼서에 잠시 청사를 꾸렸다가 중국국민당의 도움으로 후볜湖邊촌 23호로 옮겼다. 이전 시기는 불분명하나 1934년 11월까지 사용한 것으로 알려져 있다. 1934년 11월 28일에 우푸리 2가 2호로 판공실을 이전했다는 기록이 있기 때문이다. 이때의 임시정부 국무회의와 의정원 회의는 고정된 장소 없이 항저우 임시정부 사무실, 상하이, 자싱, 난징 등지에서 개최되기도 했다.

후볜촌 대한민국임시정부청사는 1920년대에 건축한 3층 목조건물로 2007년 항저우시정부가 주민들을 이주시키고 복원공사를 하여 '대한민국임시정부 항저우구지기념관'으로 개관했다. 복원과 전시는 한국의 독립기념관과 중국 저장대학 한국연구중심이 공동으로 진행하였다. 전시실은 2개의 전청展廳으로 구성되어 있으며 제1청에는 대한민국임시정부의 수립과 활동이, 제2청에는 저장성 내 한국 관련 유적지와 한국 독립운동가를 도운 저장인들에 대해 전시하고 있다.

2014년 9월 1일 중국 국무원에서는 국가급 항전기념시설 및 유적지 80개를 지정했다. 그중 하나로 항저우 대한민국임시정부기념관이 지정되었다. 현재 복원된 대한민국임시정부청사 가운데 유일하게 중국의 국가급 문화재로 지정된 것이다.

체제 재정비를 위한 노력

대한민국임시정부는 와해될 위기에 놓이기도 했으나 정부로서의 임무와 책임을 다하기 위해 힘썼다. 어려운 상황에서도 외교·군사활동의 중요성과 시급성을 확인하고 항일 투쟁을 위한 재정을 마련하려 노력한 것이다.

1933년 12월 말 임시의정원 개원식에서 신임 국무위원들은 대외방침을 정하는 취임선서를 하였다. 중국 및 피압박민족과의 국제연대 투쟁에 대해 자각하고 다짐하는 선서였다.

본 정부는 원칙상 의뢰依賴와 투기投機를 거절하고 자력과 자결을 기본으로 하지만 모종의 시기를 맞아 우방友邦의 호의적 공급도 예상하는

임시정부기념관으로 정비되기 이전 후벤촌 임시정부청사 모습

바이다. 우리들의 '우방'은 역사적으로 친밀하거나 그렇지 않거나, 지역적으로 멀고 가깝거나, 혹은 정치체제가 같고 다름에 있는 것이 아니다. 원수 일본의 무력적 침략이 있는 곳과 직접적 충돌이 불가피한 몇몇 나라로 상정하고, 이미 적당한 연락과 기민한 교섭을 촉진하여 우리들의 기본역량을 보충하고 호위하기 위해 노력하고 있다. 동시에 원동遠東 각계에서 호응하려고 하는 약소민족과의 공동진행을 촉진시키는 것을 본 정부 대외방침의 윤곽으로 한다. (「대한민국임시정부 공보 제56호」, 『대한민국임시정부자료집』 1)

이러한 인식 속에서 1934년 4월에는 「외무부행서규정」을 발표하여 국내외 요충지역에 임시정부의 외교대표부 성격을 가진 기관을 설치하려는 계획을 세웠다.

또한 군사상의 직무를 다하겠다고 다짐하였다. 의열 투쟁, 집단적인 무력 전쟁, 민중운동의 무장·조직화를 전개하겠다고 결의했다. 이를 위해 장교 양성과 기술 교육 훈련을 실시하고 무기를 준비하는 등의 구체적 시행 방법도 고려하였다. 임시정부는 민족문제를 해결하는 유일한 경로가 오직 군사행동에 있다고 언급하면서 궁극적으로 실제 전투 단계로 나아갈 것임을 천명했다.

외교 활동과 군사행동을 진행하기 위해서는 재정적 뒷받침이 필요했다. 재정 기반을 확보하기 위한 방안은 두 가지였다. 하나는 미주 한인들을 대상으로 인구세를 부과하는 것이었다. 이것은 미주 한인사회의 자발적 지원이 필요한 일이었다. 임시정부는 주외재무행서를 설치하여 세금 징수를 위한 제도를 마련했다. 하와이·샌프란시스코·로스앤젤레스·뉴욕에 재무행서를 두기로 결의하고, 1934년 8월에 이르러 미주 각지에 재무행서가 설치되었다.

또 다른 하나는 우방의 원조였다. 윤봉길의 홍커우 의거 이후 중국 정부와 사회는 한국 독립운동에 동정을 표하고 "음과 양으로 비호"하였다. 이는 임시정부의 예산 집행 내역을 통해 확인할 수 있다. 1935년 임시정부의 예산 집행 내역에는 총액이 공개되지 않은 "특종 수입액"과 "특종 사업비"가 있다. 여기서 특종 수입은 윤봉길 의거 이후 중국의 항일운동단체와 중국정부의 비공식적인 재정 지원을 의미한다. 특종 사업은 중국 항일 기관이나 단체와 합작하여 진행한 의열 투쟁에 사용된 경비라고 볼 수 있다.

항저우 대한민국임시정부기념관의 현재 모습

김철의 죽음과 임시정부에 남은 사람들

김철은 전라남도 함평 사람으로 1917년 상하이로 건너가 법률학을 공부하였다. 1919년 2월에는 신한청년당 대표로 독립운동을 위해 국내에 파견되었다. 1919년 4월 상하이에서 대한민국임시정부가 수립되자 임시의정원 의원, 교통차장 등을 역임했으며 윤봉길 의거가 있던 1932년에는 군무장의 임무를 수행하였다.

김철은 윤봉길 의거 직후 항저우 칭타이 제2뤼서로 피신했으나 신변의 위협을 느껴 쓰촨으로 잠시 피신하기도 했다. 그는 상하이로 돌아와 조카 김석과 황잔룽黃展棻이라는 중국인 변호사의 집을 방문했다가 체포되었다. 1932년 11월 30일, 7명의 일본 경찰은 김철과 김석을 체포하려고 출동했는데, 김석이 몸부림을 치고 소리를 지르는 바람에 출동한 프랑스 조계 경찰의 제재를 받게 되었다. 일본 경찰 5명은 차량을 이용해 김철을 납치하여 사라졌고, 김석과 일본 경찰 2명은 프랑스 조계 경찰서로 끌려갔다.

김철은 1929년에 중국으로 귀화하였다. 김철 가족의 의뢰를 받은 중국인 변호사 차이샤오바이蔡曉白는 김철의 귀화를 증명하는 국적증명서를 프랑스영사관에 제출했다. 중국 상하이 정부 또한 일본 영사와 프랑스영사관에 항의서를 제출했는데, 중국 국적 소지자인 김철을 체포한 것은 일본이 중국의 주권을 무시하는 것이라고 여겼기 때문이다. 상하이 프랑스영사관 측도 조계 내에서 일어난 일본의 불법적인 체포 활동에 항의했다. 이에 김철은 체포 다음 날인 1932년 12월 1일 오후 5

시에 석방될 수 있었다.

1933년 김철은 임시의정원 의원에 다시 선임되었고, 1934년에 이르러서는 다시 국무위원 재무장과 비서장에 임명되었다. 하지만 그는 1934년 6월 29일 급성폐렴으로 서거하였다. 7월 2일 항저우 광지廣濟 의원에 빈소를 차리고 후산탕湖山堂 예수교회에서 추도회를 거행한 뒤, 예수교 공동묘지에 안장하였다.

김철이 서거한 1934년에는 임시정부의 체제를 재정비하는 노력을 기울이던 때로 이러한 노력은 국무위원들의 위기의식에서 나온 것이었다. 1934년 1월 20일의 취임 선서를 보면, 임시정부가 독립운동의 지도력을 제대로 발휘하지 못하고 독립운동 세력의 요구와 기대에 부응하지 못했음을 자인하고 있다. 또한 한인의 단결과 통일을 임시정부의 과제로 인식하고 있었다. 이는 당시 진척되고 있던 한국대일전선통일동맹에 대한 조바심이 깔려 있는 것이었다.

김철의 중국 내정부 국적허가증서

한국대일전선통일동맹은 윤봉길 의거 직후 일어난 통합 운동의 결과였다. 1932년 10월 상하이에서 한국독립당·조선혁명당·한국혁명당·의열단·한국광복동지회 5단체가 참여하여 통일 기구를 조직하기로 협의했다. 그리고 그해 11월 각 단체들이 연합하여 한국대일전선통일동맹을 결성했는데 이는 반反임시정부를 표방하며 새로운 독립운동정당 창당을 위한 과도기구 역할을 했다.

결국 1935년 6월 난징에서 각 단체를 해체하고 새로운 당을 만들기로 결의했다. 1935년 7월 4일 의열단·한국독립당·신한독립당·조선혁명당·대한독립당은 각 단체를 해체하여 민족혁명당을 창당하고 임시정부 폐지를 주장했다. 뿐만 아니라 당시 7인의 국무위원 중 김규식·조소앙·최동오·양기탁·유동열 5인은 국무위원직을 사임하고 민족혁명당 결성에 참여하였다.

임시정부에는 송병조와 차리석 2명의 국무위원만 남게 되었다. 상황을 알게 된 김구는 항저우로 가서 임시정부 유지문제를 논의하고 임시정부에 복귀하였다. 자싱 난후에서 개최된 선상회의에서 김구·이동녕·조완구를 국무위원으로 보선하고, 기존 국무위원이었던 송병조·차리석을 포함함으로써 5인 국무위원 체제가 성립되었다. 이로써 진행할 수 없었던 국무회의도 가능해졌다. 이와 함께 김구·이동녕 등은 임시정부를 지원하는 조직을 결성하기로 협의하고 1935년 11월 한국국민당을 창당했다. 중국의 독립운동가들은 김구와 임시정부를 중심으로 하는 한국국민당과 김원봉·지청천池靑天 등이 중심이 된 민족혁명당 양당 체제를 구축하게 된 것이다.

쓰신팡 한국독립당 사무소

　　한국독립당은 1930년 1월 대한민국임시정부 관계자를 중심으로 결성된 대표적인 독립운동정당이다. 1933년 말까지 상하이에 본부를 두고 있었으나 항저우로 이전한 임시정부를 따라 1934년 1월 항저우로 본부를 옮겼다. 한국독립당은 기관지 『진광震光』을 발행하고 항저우에 지부를 설치했다. 일본 정보문서에 따르면 항저우 한국독립당 사무소는 쉐스學士로 쓰신팡思鑫坊 34호, 40호, 41호 세 군데로 나오나 34호는 확인되지 않는다. 쓰신팡 40호는 쓰신팡 푯말이 있는 골목 왼쪽 첫 번째 집으로 추정되고 있다.

　　한국독립당은 좌익세력에 대응하고, 임시정부를 중심으로 하는 우익 진영의 단결과 쇄신, 해외 독립운동 세력의 통일을 목적으로 하였다. 한국독립당은 임시정부의 이전에 따라 1934년 1월 항저우 쓰신팡으로 본부를 옮긴 뒤 항저우를 중심으로 활동하면서 선전 활동과 특무 활동을 전개했다. 선전 활동으로는 기관지 및 선전 유인물을 발간했고 특무 활동으로는 강병학康秉學의 상하이신사 척탄 의거를 들 수 있다.

　　상하이신사 의거는 1934년 3월 3일 상하이 홍커우공원에서 일어났다. 상하이사변 때 전사한 일본 군인에 대한 초혼제를 거행할 때 한국독립당원 강병학이 식장 연단을 향해 폭탄을 투척한 것이었다. 하지만 안타깝게도 폭탄이 터지지 않았다.

　　한국독립당은 1934년 3월 10일 자로 '강의사 홍구척탄에 대한 선

쓰신팡 골목 입구

언'을 발표하여 의거를 결행한 목적과 입장을 발표했다. 이 선언서에
는 일제의 침략과 잔학성을 규탄하고, 강병학의 행위는 이봉창·윤봉
길 의거에 버금가는 의열 투쟁이며, 민족의기와 한국독립당의 혁명의
지를 만천하에 알리는 쾌거라고 역설했다. 그리고 한편으로는 한중항
일공동전선을 결성할 필요성이 있다고 주장했다.

　1935년 7월 한국독립당은 조소앙 등 당원의 일부가 민족혁명당 결
성에 참여하면서 자진 해체되었다. 그러나 민족혁명당에 참여했던 조
소앙이 곧 탈당하여 한국독립당을 재건하고 중단된 기관지『진광』을
속간하는 등 활동을 이어 갔다. 조소앙은 민족혁명당 불참 세력과 연

합하여 한국독립당의 인원 확보와 조직 강화, 임시정부 주도권 확보에 노력하였다.

하지만 조소앙의 연합 노력은 좋은 결과를 보지 못했다. 재건 한국독립당은 20여 명의 당원으로 뚜렷한 조직 체계를 갖추지 못한 채 활동하게 된 것이다. 이후 재건 한국독립당은 1937년 8월 한국광복운동단체연합회를 결성하며 우익 진영의 통합을 이루었고, 1940년 5월 충칭 한국독립당 결성에 참여하면서 해체되었다.

한국독립당 기관지 『진광』

『진광』은 1934년 1월부터 발행된 한국독립당의 새 기관지이다. 상하이에서 항저우로 본부를 옮긴 한국독립당은 새로운 진로와 활동방략을 모색하는 가운데 『진광』을 발행했다. 한중 우의와 연대를 포기하지 않으려는 한국독립당의 전략노선이 기관지 발행에도 여실히 드러났다. 『진광』 창간 목적을 "한국 독립운동의 진상을 선전하고, 아울러 우방과의 연락을 촉진하며 나아가 협력을 도모하여 공동으로 구적仇敵을 없앰을 본래의 기능으로 한다"고 명시한 것이다.

『진광』은 '국한문판'과 '중국판' 두 종류로 발행되었다. 국한문판의 원고는 이상일李相一이, 중문판은 조소앙이 작성하였다. 중문판은 중국국민당과 정부·학교·도서관·신문사 등에 선전용을 배포하기 위해 제작하였고 매호 약 1000부씩 인쇄하였다. 국문판은 한국독립당 당원과 재중 한인들, 신문사 등에 배포하였다. 국내의 조선일보사나 동아일보사에도 배포되었으며 발행부수는 약 500부 정도였다. 출판은 진광사震光社라는 인쇄소에서 했는데, 이는 명목상일 뿐 실제로는 항저우 둥난東南일보사에서 간행하였다. 인쇄비는 중국국민당 저장성 당부로부터 매달 40원씩 보조를 받아 발행되었고, 광둥지부에서도 약간의 지원을 얻었다. 민족혁명당 결성 문제로 한국독립당이 일시 해체되면서 『진광』의 발행도 중단되었으나 한국독립당이 '재건'되면서 『진광』도 4~5호 합권으로 속간되었다.

난징·전장

친화이허
화이칭교
화이칭교

도진순

용의 둥지, 주아이바오와의 동거

난징南京은 '육조고도六朝古都', '10조수도十朝首都'라 불릴 정도로 유서 깊은 도시이다. 1356~1441년 명明나라 건국의 도읍지가 되어, 이후 명나라의 수도가 되는 베이징北京과 구별하여 난징으로 불리었다. 한국에도 저명한 위치우위余秋雨는 그의 「채석기비采石磯碑」에서 "황하는 장엄을 소리치고(黃河呼喚壯嚴)/ 장강은 뛰어나게 아름답네(長江翻卷奇麗)"라고 대비한 바 있다. 난징에서 장강의 아름다움을 가장 잘 보여 주는 것이 그 지류인 친화이허秦淮河이다. 친화이허는 난징의 제1경이라 해도 과언이 아니며, 매년 많은 사람들이 유람을 온다. 이 친화이허에 김구의 귀한 흔적이 숨어 있다.

친화이허 야경

친화이허 주경

진회팔염과 우국

난징 도성都城은 명나라 건국 당시 축조되었는데, 베이징의 성과 달리 산과 강 등 자연을 경계로 활용하였다. 여말선초 정몽주·정도전 등 고려의 사절들이 여러 번 오갔던 난징 도성은 조선왕조의 한양도성 건설에도 분명 참고가 되었을 것이다.

난징 성의 정문(남문)이 중화먼中華門인데, 글씨는 장제스가 쓴 것이다. 중화먼으로 들어가면 바로 친화이허를 만난다. 친화이허를 따라 동북 방향으로 가면 공자를 모신 푸쯔먀오夫子廟가 있고, 그 옆에 명청明淸 시대 중국 최대의 과거 시험장이었던 장난궁위안江南貢院이 있다.

입신양명의 관리가 되는 과거장과 공자를 모시는 엄숙하고도 유학적인 공간을 둘러싼 아름다운 친화이허 강변에는 기방妓房이 즐비하였다. 그중에 명말청초 친화이허와 연고가 있다는 빼어난 8명의 미인을 특별히 '진회팔염秦淮八艶'이라 한다. 위치우위余秋雨가 난징을 "내 사랑"이라 호명한 이유 중 하나도 '진회팔염'이 있기 때문이었다.

> 역대 기녀들은 많다. 그러나 명말청초의 진회팔염처럼 문학적 소양과
> 정치적 식견을 가지고 정치문화사를 아름다운 색조로 물들인 이들이
> 또 어디에 있는가? (위치우위, 2007, 239쪽)

그렇다. 명나라의 발원지인 난징의 여덟 미인 각각의 사연은 다양하지만, 명나라의 망국과 연결되어 다양한 이야기를 엮어 내었다. 푸

쯔먀오 입구의 광장에서 친화이허로 내려오면 유람선 선착장이 있다. 여기에 진회팔염의 부조浮彫가 있는데 이들의 배웅을 받으며 떠나는 친화이허 유람선 투어는 난징 최고의 관광 코스이다.

친화이허는 예전에도 중국 강남의 답사 1번지로 수많은 문인들이 이에 관한 작품을 남겼다. 그중 두목杜牧의 「친화이에 배를 대고泊秦淮」 가 저명하다.

烟籠寒水月籠沙(연롱한수월롱사)

차가운 강물 안개가 감싸고, 강가 모래엔 달빛 쏟아지는데

夜泊秦淮近酒家(야박진회근주가)

밤에 진회에 배를 대니 바로 옆에 술집 있네

商女不知亡國恨(상녀부지망국한)

────────

친화이허 유람선 선착장의 진회팔염 부조

기녀들이 어찌 망국의 비애를 알리오

隔江猶唱後庭花(격강유창후정화)

강 건너에서는 오히려 나라 망할 노래 부르네

기녀들 중에 어찌 나라를 걱정하는 우국憂國 기녀만 있겠는가? 시의 마지막 구에 등장하는 '후정화後庭花'는 남북조시대 진陳나라의 마지막 왕 후주後主 진숙보陳叔寶가 주색에 빠져 지어 불렀던 음란한 노래를 말한다. 이후 후정화는 망국의 음악을 대표하는 용어로 쓰이는데, 우리나라에서도 고려 충혜왕이 후원에서 여자들과 어울려 이 노래를 불렀다고 전해진다.

시인 두목은 친화이허의 기녀들이, 흥청망청 놀다 나라 망한 역사도 모르고 강가에서 나라 망할 노래를 부른다고 한탄하였다. 그도 당시 당나라가 기우는 모습을 보면서 멸망의 조짐을 느꼈는지도 모른다. 두목이 망국을 우려하던 그곳에 망국의 한을 품은 한 망명객이 중국 여인과 동거하고 있었다. 김구와 뱃사공 주아이바오이다.

김구와 주아이바오의 재회와 동거

김구의 난징 사진으로 남아 있는 것은 딱 한 장, 1934년에 찍은 것이다. 가운데 어머니 곽낙원이 앉아 있고, 좌측이 큰아들 김인, 우측이 막내 김신이다. 이 사진만 보면 난징에서 김구 가족이 같이 생활한 것으로 착각할 수 있지만, 김구는 친화이허 화이칭淮清교 주변에서 주아이바오와 동거하였고, 곽낙원은 화이칭교 동북쪽 마루馬路가에 따로 떨어져 살았다. 『백범일지』에서도 그러한 정황을 포착할 수 있다.

상해전쟁은 점점 중국 측이 불리하게 되어 왜 비행기의 남경 폭격이 날로 심해졌다. 회청교 집에서 나는 초저녁에 적기敵機로 인해서 곤란을 받다가, 경보 해제 후 잠이 깊이 들었는데, 갑자기 잠결에 공중에서 기관포 소리가 들렸다. 놀라 자리에서 벌떡 일어나 방문 밖에 나서자, 벽력이 진동하며 내가 누웠던 천장이 무너져 내렸다.

뒷방에서 자는 애보愛寶를 불러 내니 죽지는 않았다. 뒷방에 같이 사는 이들이 흙먼지를 헤치고 나오는데, 뒷벽은 무너지고 그 밖에는 시체가 헤아릴 수 없었다. 각처에서 불빛이 하늘로 높이 치솟아 하늘색은 마치 붉은 담요와 같았다.

날이 밝아 마로가馬路街에 있는 어머님 댁을 찾아갔다. 여기저기 죽은 사람, 상한 사람이 길에 가득한 것을 보면서 문을 두드리니, 어머님께서 친히 나오셔서 문을 열었다. "놀라셨지요?" 하고 묻자, 어머님은 웃으시면서, "놀라기는 무엇을 놀라. 침대가 들썩들썩하더군. 그래, 사람이 많이 죽었나?"

김구는 1932년 5월 중순 상하이를 탈출하여 자싱으로 피신했고, 그곳에서 여자 뱃사공 주아이바오를 만나 선상船上에서 함께 살았다. 난후南湖는 유명한 명승지로서 호수에는 놀잇배들이 많았는데, 그 놀잇

주아이바오

난징에서 김구와 가족

배는 여자 사공들이 노를 젓고 다녔다. 손님들은 낮에는 관광을 하고, 밤에는 배 위에서 마작놀이를 하며 음식을 먹고 놀다가 밤이 늦으면 배 안에서 잠을 자기도 했다. 이들 노 젓는 여자들을 촨냥船娘이라고 했다(정정화, 1998). 주아이바오도 그런 촨냥이었다.

1932년 후반기 김구는 난징에 와서 국민당 정부의 장제스 총통과 면담하였고, 그 결과 중국 중양中央육군군관학교 뤄양洛陽분교에 한인 특별반을 설치하게 되었다. 김구가 장제스를 만난 곳은 중양육군군관학교 안에 있는 장제스의 관저, 치루憩廬였다. 현재 이곳은 민간인이 들어갈 수 없지만, 사진으로 당시의 모습을 엿볼 수 있다.

김구가 난징에서 장제스를 만나는 등의 활동을 하게 되자, 일본은 김구의 행적을 추적하여 난징까지 사복 경찰을 파견하였다. 이에 김구는 자싱의 주아이바오를 불러 화이칭교에서 동거하면서 고물상 행세를 하였다.

나의 남경 생활도 점점 위험해졌다. 왜구가 나의 족적이 남경에 있다는 냄새를 맡고 상해에서 암살대를 남경으로 파견한다는 보도를 접했다. 공자묘 근처에 사람을 파견하여 시찰해 보니 과연 사복 일본 경찰 7명이 대오를 지어 순찰하더라고 하였다. 나는 부득이 가흥의 여자 뱃사공 주애보를 매월 15원씩 본가에 주고 데려와 회청교淮淸橋에 방을 얻어 동거하였다. 나는 직업을 고물상이라 하고, 여전히 광동 해남도海南島 사람으로 행세하였다. 경찰이 호구조사를 와도 애보가 먼저 설명하고, 나는 직접 말하는 것을 삼갔다. (『백범일지』)

난징성의 남문인 중화먼中華門 동쪽 푸쯔먀오 친화이허 주변은 김구와 그의 청년 대원들이 거주했던 곳이다. 김구는 이 푸쯔먀오 일대까지 일본 경찰이 추적하였다고 밝히고 있는데, 조선총독부 파견 상하이 사무관 나가노가 1935년 1월에 밀정 오대근을 시켜 김구 암살을 시도한 사건이 발생하였다. 당시 오대근은 난징에 도착한 후 특별공작원 7명을 만났는데 중국 관헌이 그들을 모두 체포하여 처형하였다(윤대원 2018). 이어서 조선총독부에서 나가노의 후임으로 파견된 히토스기 도헤이一杉藤平 사무관이 1935년 8월에서 11월 사이에 밀정 임영창林榮昌을 통해 김구 암살을 실행하고자 했지만 성공하지 못하였다(윤대원, 2018). 김구는 주아이바오와의 동거가 망명객으로서 생활상의 불편함 때문이기도 했겠지만, 일제의 이러한 추적과 암살의 위험에 따른 보안상의 이유로 김구는 주아이바오와 화이칭교에서 동거하면서 중국인 부부로 위장하였던 것이다.

화이칭교 은거, 김구의 회갑과 이순신의 시

이제 주아이바오와 동거하였던 화이칭교 일대를 찾아가 보자. 친화이허 푸쯔먀오 앞 선착장에서 유람선을 타면 동북 방향으로 가는데 이내 판교板橋 정세상鄭燮像, 쫭위안팅壯元亭을 지나 타오예두桃葉渡 광장을 만난다. 이어서 타오예두부두를 지나면 친화이허가 세 갈래로 나눠지는 구타오예두古桃葉渡에 이르게 된다. 타오예두는 '난징(金陵) 48

경'의 하나로 아름다운 나루터이다. 왕희지王義之의 아들 왕헌지王獻之도 유명한 명필인데, 그가 애첩 도엽桃葉과 노래하며 배 타고 다니던 곳이라 해서 '타오예두桃葉渡'라는 이름을 얻었다고 한다. 구타오예두에는 기념문인 파이팡牌坊, 타오예두桃葉교, 정자인 타오예두팅桃葉渡亭, 그리고 아름다운 찻집이 있다. 구타오예두 주변의 세 갈래 물길에서 유람선은 직진하는데, 유람선이 가지 않는 좌측으로 조금 더 가면 바로 화이칭교가 있다.

화이칭교는 천년 이상의 역사를 지닌 오래된 다리지만, 지금 있는 다리는 청대에 중건된 것으로 '난징시문물보호단위'로 지정되어 있다. 이곳은 친화이허와 칭시青溪가 합류한다고 하여 화이칭교라 불린다. 지금 이 다리 위 큰길인 젠캉建康로에는 차가 많이 다니고 있어 조심해

난징 진회하 주변 유적지
① 푸쯔먀오 ② 장난공원 ③ 친화이허 판츠 유람선 선착장 ④ 타오예두광장 ⑤ 구타오예두
⑥ 화이칭교

서 접근해야 한다. 유람선은 화이칭교까지 오지 않기 때문에 타오예두 부두에서 내려 걸어가거나 다른 육로로 접근해야 한다.

　바로 이 화이칭교 주변에서 김구가 "광동인廣東人 장진구張震球"로 행세하며 여자 뱃사공 주아이바오와 함께 몸을 숨기고 있었던 것이다. 1936년 8월 27일(음력 7월 11일), 김구는 여기서 자신의 회갑을 맞아 이순신 장군의 시구를 유묵으로 남겼다.

　　誓海魚龍動(서해어룡동)
　　바다에 두고 맹세하니 물고기와 용이 움직이고
　　盟山草木知(맹산초목지)
　　산에 다짐하니 초목이 알아주는구나.

　김구의 유묵 중에서 충무공의 이 시구는 필자가 현재 확인한 것만 해도 14점이나 된다. 그 정도로 '서해어룡동 맹산초목지'는 김구가 즐

김구가 쓴 충무공의 시

타오예두부두와 왕헌지상

구타오예두의 찻집

겨 애송하던 시구인데, 1936년 화이칭교 옆에서 주아이바오와 살면서 쓴 것이 최초의 것이다. 관기款記를 보면, "회갑일에 진회하에 숨어 살면서 충무공의 시구를 써서 기념하였다(回甲之日 於秦淮隱寓 書忠武公李舜臣詩一句 以作紀念)"로 되어 있다.

김구가 친화이허에서 회갑일에 쓴 '서해어룡동 맹산초목지'도 세 점이나 확인된다. 그중 하나는 "안창호 선생 아정安昌鎬先生 雅正"으로 되어 있어, 하와이의 안창호 선생에게 드리고자 한 것임을 알 수 있다. 하와이의 안창호는 도산島山 안창호와는 다른 인물로, 이봉창·윤봉길 의거의 후원금을 보낸 인물이다.

이별, 망각과 기억

김구는 이처럼 난징의 친화이허 화이칭교에서 주아이바오와 동거하면서, 한편으로는 일제의 혹심한 공중폭격 아래서 생사를 같이 하였고, 한편으로는 장제스를 만나는 등 독립운동을 영도하였다. 자싱에서 시작하여 난징으로 근 5년을 주아이바오와 같이 살고 난 이후인 1937년 여름, 일제의 대륙 침략이 본격화되면서 김구와 임시정부도 중국의 국민정부를 따라 난징을 떠나 유랑의 길에 올랐다. 난징을 떠나면서 김구는 주아이바오를 고향 자싱으로 돌아가게 했다. 김구는 이것을 퍽이나 아쉬워하였다.

그후 종종 후회되는 것은, 송별할 때 여비 100원밖에 주지 못하였던 것이다. 근 5년 동안 나를 위하여 한갓 광동인廣東人으로만 알고 모르는 사이 우리는 부부같이 되었다. 나에 대한 공로가 없지 않은데, 내가 뒷날을 기약할 수 있을 줄 알고 돈도 넉넉히 돕지 못한 것이 유감천만이다. (『백범일지』)

주아이바오가 받은 100원은 매월 15원으로 계산하면 반년 정도의 삯이었다. 김구는 아마도 반년 정도 지나면 주아이바오와 다시 만날 수 있으리라 생각했는지도 모른다. 그러나 이것이 영영 이별이었다. 다만 김구가 귀국하면서 가져온 주아이바오의 사진이 몇 장 있어서 우리는 그 얼굴을 기억할 수 있게 되었다.

돌이켜 보면 한 나라의 독립운동은 그 나라 국민들의 힘만으로 되는 것이 아니다. 그것은 이웃 나라와 세계 대중들의 애호와 지원이 있어야 가능하기에, 독립운동이 자기민족 영웅호걸의 역사에만 머물 수는 없다. 난징에서 김구가 장제스를 만나 독립운동에 큰 지원을 받았던 것 못지않게 여자 뱃사공 주아이바오로부터 일상의 도움과 보호를 받았던 사실도 무척 중요하다. 장제스의 위치는 높지만 한 사람이고, 주아이바오는 보잘것없는 평민이지만 다수 중국 인민대중에 속한다. 장제스는 정파의 이해관계에 따라 평가가 달라지지만, 주아이바오와 같은 인민대중은 모든 정파의 바탕이 된다.

해방 이후 김구와 한국의 독립운동사는 이제 자랑스러운 양지의 역사가 되었지만, 독립운동을 도운 많은 외국의 인민대중들은 아직도 망

각 지대에 남아 있는 경우가 적지 않다. 중국과 한국, 남성과 여성, 영웅과 보통 사람의 차이를 넘어서는 김구와 주아이바오의 동거에는 우리가 소중히 기억해야 할 가치가 있다. 이들의 동거는 김구가 난징에서 독립운동의 영수로 비상하는 용의 둥지와 같았다. 일찍이 공자는 "삼군三軍의 장수將帥는 빼앗을 수 있지만, 지아비의 뜻匹夫之志은 빼앗을 수 없다"고 한 바 있다. 남녀를 불문하고 필부(匹夫, 匹婦)의 삶은 보잘 것없어 보이지만 대중의 밑바닥에 뿌리내리고 있어 그 생명력은 끊어지지 않을 것이다. 우리가 장제스의 지원 못지않게 김구와 함께한 화이칭교의 주아이바오를 기억해야 하는 이유이다.

난징국민정부

독립운동의 새 근거지를 찾아

윤은자

난징은 명나라 주원장朱元璋 때 쌓은 웅장한 성벽이 인상적인 도시이다. 그 성벽에는 당초 13개의 성문을 만들었는데 그중 정남문을 '쥐바오먼聚寶門'이라 하였다. 그런데 현재 옛 쥐바오먼聚寶門의 정중앙에는 1931년 장제스가 쓴 '중화문中華門'이란 글자가 새겨져 있어 통상 '중화먼'으로 불리고 있다. '눈 목目'자 형의 옹성이 있어 '천하제일옹성'이라는 중화먼 위에 오르면 전란으로 누각이 소실되어 광장 같은 넓은 공간이 나타난다. 그곳에서 북쪽, 즉 난징 성벽 안의 시가 쪽을 향하여 바라보면 동쪽으로는 친화이허秦淮河가 흐르는 푸쯔먀오夫子廟 구역이고 서쪽 방향에는 난징 3대 원림 중의 하나로 후자화위안胡家花園으로 불리는 위위안愿園이 있는 곳이다. 1930년대 한인 독립운동가들이 난징에서 활동하던 시기 바로 푸쯔먀오 친화이허 주변은 김구와 그를 따르는 청년들이 살았던 곳이며, 후자화위안 방향은 김원봉金元鳳과 의열단·민족혁명당 사람들이 다수 거주했던 곳이었다.

불령선인의 소굴, 난징

1930년대 초반 일본군의 중국 침략이 노골화되는 시기에 1932년 김구가 한인애국단 명의로 일으킨 이봉창·윤봉길 의거는 한인의 독립 의지를 선양하면서 일본뿐 아니라 전 세계 열강에 충격을 주었다. 중국인들은 한인의 독립운동을 적극 지지하게 되었고 중국국민당 또한 재중 한인의 항일 활동에 큰 기대를 하게 되었다. 그리하여 소극적 항일과 대일對日 유화정책으로 일관하던 장제스와 중국국민당은 당정 기관의 인물들을 동원하여 비밀리에 한인 독립운동을 적극 지원하기 시작했다. 이러한 상황의 변화 속에 중국 내 한인 독립운동 지형에도 변화가 발생했다. 즉 동북 3성이나 베이징 상하이에서 활동하던 한인 독립운동가들이 본래의 활동지를 떠나 장제스 국민정부의 수도인 난징에 집결하게 된 것이다. 김구·김원봉을 비롯한 중국 각지에서 활동하던 독립운동가들이 모여든 난징은 이후 수년간 소위 '불령선인의 소굴'이라 불리었다. 한인 독립운동가들은 난징에서 자체 항일 역량을 강화하면서 한편으로 독립운동전선의 통일을 지향하였다.

동시에 장제스와 난징국민정부의 지원을 희망하고 한중 연합 항일 투쟁의 방향을 모색하였다.

난징에서 장제스와 중국국민당의 지원은 주로 김구와 김원봉에 집중되었다. 김원봉은 1920년대 의열단 활동을 주도하고 황푸군관학교黃埔軍官學校에 재학한 이력을 배경으로 장제스와 국민당 군부 인사들과 인맥을 쌓았다. 그는 1932년 초 베이징에서 난징으로 이동하여 국민정부 군사위원회 산하의 비밀조직인 삼민주의역행사三民主義力行社의 텅제滕傑와 간궈쉰干國勳 등을 통해 장제스의 지원을 받기 시작하였다. 그 결과 김원봉과 의열단은 1932년 10월부터 1935년 9월까지 난징 교외를 전전하며 조선혁명군사정치간부학교朝鮮革命軍事政治幹部學校를 총 3기에 걸쳐 운영하고 130여 명의 항일 투사를 양성하였다.

한편 윤봉길 의거 후 대한민국임시정부 소재지가 상하이에서 항저우로 이동하고 김구가 자싱으로 피신할 수 있었던 것은 우호적인 중국인들이 있었기에 가능했다. 특히 중국국민당 내에서 일찍부터 한인 독립운동가들과 교류하고 적극 협력했던 천궈푸陳果夫와 그의 지시를 받은 샤오정蕭錚 같은 인물들은 김구의 피신과 보호 그리고 난징을 중심으로 한 김구의 활동을 지원했다. 그 과정에 난징에서 김구와 장제스의 비밀 회견이 성사되어 김구는 장제스와 중국국민당의 지원과 협조를 보장받게 되었으며 중앙육군군관학교中央陸軍軍官學校 뤄양분교洛陽分校에 한인훈련반이 개설되었다. 이후 김구는 난징에서 한인애국단을 주축으로 한국특무대독립군·학생훈련소·한국국민당청년단을 결성하여 독자적인 항일 조직 역량을 구축해 나갔다.

1935년 7월 난징에서 활동하던 각 독립운동 단체들은 통합 신당인 민족혁명당을 결성하였다. 그 과정에서 대한민국임시정부 국무위원 5명이 신당에 참여하면서 임정은 존속조차 힘든 상황에 처하였다. 당시 김원봉은 난징 친화이허 주변에서 김구를 만나 통일 운동에 동참할 것을 권유하였는데, 이에 대해 김구는 동상이몽에 불과한 통일 운동에는 참여할 수 없다며 거절하였다. 또한 김구는 민족혁명당의 임정 취소 주장에 크게 반발하여 임정 체제의 정비와 회복을 추진하고 임정을 지지할 강력한 정당으로서 한국국민당을 결성했다.

일본의 대륙 침략이 가속화되면서 중국국민당과 한인 독립운동 정당·단체들 사이의 협력 관계가 더욱 긴밀해졌다. 당시 조선총독부가 상하이에 파견한 한 일본인 사무관은 1935년 12월 15일 자 보고 내용에서 다음과 같이 언급하였다. "앞서 국민당부에서 한국민족혁명당에 대해 중한합작상의 자료로서 소속 당원의 계통 기능 등에 관한 상세한 조사표를 제출하도록" 요구했고, 김구에게는 "중국 측에서 특수공작에 종사시킬 청년 20~30명을 선출해 주도록" 요청하였다는 것이다.

1937년 7·7사변 이후 중일전쟁이 전면화되자 한중연합항일의 구체적인 방향이 모색되었다. 그런데 당시 한중연합항일투쟁 방식에 대해서 김구와 중국 당국의 입장은 다소 차이가 있었다. 임정과 김구는 중국과 한국이 동일한 전선에 서서 대일 작전을 전개할 수 있기를 기대하였다. 그런데 중국 측은 김구 등이 중국 내 한인들을 단결시켜 일본군에 대한 효과적인 기습 공격을 벌이고 한국 국내의 역량을 발동시켜 전선의 후방을 교란시키고 견제하는 역할을 해 주길 기대했던 것이다. 이에 김구는 「한국국민당의 전시 후방 교란 계획과 책략」 등의 문건을 작성하고 의용군에 의한 부대 단위의 전투와 개인 또는 소규모 단체에 의한 특무 공작 계획을 수립하였다.

당시 난징에서 김구와 연락 사무 실무를 담당했던 샤오정은 다음과 같이 언급하고 있다.

김구 선생은 이 시기에 한국 독립운동을 위해 적후에서 각종 파괴공작을 진행하는 한편 중국의 항전에 대해서도 군사 보고로 많은 보답을 했습니다. 김구 선생의 자료는 한국인으로부터 온 것이었습니다. 한국인 중 다수가 일본어를 잘하고 일본인과 같이 있어서 쉽게 소식을 얻을 수 있었습니다. 그리하여 총통에게 많은 보고가 전해졌고 총통은 때에 따라 중요한 보고를 군사위원회에 넘겨 집행케 했던 것입니다. 이것은 중국 혁명에 대한 공헌인 동시에 그 자신의 독립운동의 한 부분이었던 것입니다.(蕭錚, 1983, 178~179쪽)

또한 김구·김원봉 주도의 독립운동 단체들은 항전에 대한 결의와 한중 단결 항일을 촉구하는 성명을 중국 내 신문과 국내외에서 연달아 발표하였다. 구체적으로 김구 계열에서는 한국국민당·한인애국단·조선혁명당·한국독립당 재건파 그리고 미주의 대한인국민회 외 4단체 등 9개 단체가 모여 '한국광복운동단체연합 선전위원회'를 조직하였다. 그리고 동 위원회 명의로 '연합선언', '국치기념선언', '중일 전국戰局에 대한 선언' 등 각종 반일 선전 인쇄물을 제작하여 국내·만주

·미주 각지에 반포하고 또 이를 중국 주요 신문에 게재하였다. 또한 국제연맹의 제의로 중국과 일본 간의 분쟁 해결을 위해 9개 조약국이 참여하는 브뤼셀회의가 개최되자, 회의 시작 수일 전 9개국 주석에게 일본에 대한 무력 제재를 촉구하는 전문을 발송하는 등 외교적 노력을 기울였다.

당시 김구는 독립전쟁을 개시하여 나라를 되찾을 기회가 도래하였다고 판단하고 항일세력의 결집을 도모하였다. 상하이에서 발행되는 『선바오申報』 1937년 9월 4일 자 기사에는 "한국 각 혁명당은 최단 시일 내에 한국국민혁명당 지도자 김구의 영도 아래 통일전선을 조직하여 항일 복국운동을 진행하기로 결의했다"라는 기사가 실렸다. 그러나 한인 독립운동 진영 내 통일전선형성을 위한 노력은 결국 9월 상순 김구 계열의 한국광복운동단체연합회와 11월에 김원봉을 중심으로 한 조선민족전선연맹이 결성되는 것으로 마무리되었다.

상하이를 점령한 일본군이 난징을 압박해 들어오자 1937년 11월 중순 난징국민정부와 중국국민당 중앙당부는 충칭 천도를 결정하고 각 기관의 이전을 시작했다. 전장鎭江의 대한민국임시정부도 11월 18일 국무회의를 열고 사무처를 후난성湖南省 창사長沙로의 이전을 결정하고 이틀 후 피난길에 올랐다. 김구는 상하이와 항저우 등지에 있던 동지와 그 가속들을 난징에 집결하도록 조치한 후 노모와 둘째 김신, 안공근 가족과 함께 영국 기선을 타고 먼저 한커우漢口로 떠났다. 23일에는 임정 대가족 100여 명이 목선 한 척에 짐을 싣고 양쯔강을 거슬러 올라갔다. 24일에는 김원봉의 조선민족혁명당 등에 속한 인사와 그 가족 90여 명도 목선 7척에 분승한 후 난징을 떠났다. 김구와 임정 대가족들은 난징에서 출발한 지 약 한 달 만에 창사에서 재회했다.

이상과 같이 1932~1937년 난징을 중심으로 활동한 김구와 김원봉은 장제스와 국민정부의 비공개적이지만 적극적 지원을 받으면서 각기 청년 투사를 양성하고 조직함으로써 항일 투쟁의 기반을 구축하였다. 동시에 각 독립운동 단체와의 결합을 통한 통일전선의 형성에 노력한 결과 김원봉 중심의 민족혁명당과 김구 중심의 한국국민당이 탄생하였고 후자의 경우 임정의 새로운 출발을 뒷받침하는 정당이 되었다. 장제스와 국민당은 난징의 한인 독립운동가와 단체를 통해 일본군의 군사정보를 수집하고자 했고, 나아가 한중연합전선에서 한국이 전시 일본군 후방을 교란하고 견제하는 역할을 해 주기를 기대하였다. 중일전쟁이 시작되자 한인독립운동 단체들은 두 정당을 중심으로 각기 항일연합전선을 형성하고 일본군의 점령 직전 난징을 떠나 험난한 대이동의 길에 올랐다.

김구와 장제스의 만남

윤은자

치루와 중앙판뎬

현재 난징시 황푸_{黃埔}로 3호에는 중국인민해방군 동부전구_{東部}
_{戰區} 사령부가 자리하고 있다. 이곳은 청 말에는 육군학당_{陸軍小}
_{學堂, 陸軍第四中學堂}이, 난징국민정부 시기에는 중앙육군군관학교
가 있었으며, 중일전쟁이 끝나고 국민정부가 난징으로 복귀한
1946년 6월 이후에는 국방부_{國防部}가 있던 장소이다. 현재 남아
있는 옛 건축물로는 청대 건물 이하오러우_{一號樓}, 중앙육군군관
학교 시기에 건립된 다리탕_{大禮堂}과 기숙사 그리고 장제스 관저
였던 '치루_{憩廬}' 등이 있다. 1932년 가을 자싱에 피신 중이었던
김구는 장제스를 만나기 위해 난징으로 왔다. 김구는 치루를 방
문하여 장제스를 만났는데 이 만남을 통해 김구와 임시정부는

중국 국민당정부의 지속적인 지원을 받게 되었다. 중앙판뎬은 당시 김구가 묵었던 호텔이다.

장제스 관저, 치루

현재 난징 창장長江로에 있는 총통부總統府는 이전 장제스 집권시기 국민정부청사였던 곳이다. 총통부란 명칭은 과거 두 차례 이 명칭이 사용되었던 것에서 기인한다. 첫 번째는 1912년 1월 1일 쑨원孫文이 이곳에서 중화민국 임시대총통에 취임한 후이고, 두 번째는 1948년 5월 20일 장제스가 이곳에서 중화민국 총통에 취임한 후이다. 총통부에 진입하여 중앙에서 북쪽 끝에 자리한 건물이 쯔차오러우子超楼인데 1935년 말 완공되었고 후에 국민정부 주석이었던 린선林森을 기념하여 그의 호를 건물 명칭으로 한 것이다. 쯔차오러우 2층에는 이전 장제스 집무실 공간이 있다. 이곳은 총통부 내에서도 반드시 관람해야 할 중요 지점으로 연일 사람들의 발길이 끊이지 않는 곳이다. 집무실 문밖에서 내부를 바라보면 정면으로 큰 유리창이 있어 햇빛이 내부 공간을 비추는데 상대적으로 어두운 안쪽 실내에 장제스가 사용한 사무용 책상이 비스듬히 놓여 있다. 방문자들은 아마 그 책상을 바라보며 사무를 보며 앉아 있던 장제스를 상상할 것이다. 그런데 이 공간은 장제스가 총통에 당선된 후 마련된 것이며, 사실 그 후에도 장제스는 총통부에서 그리 멀지 않은 중앙육군군관학교 내 자신의 관저에서 주로 업무를 보았다.

1927년 봄 난징국민정부가 수립된 후, 장제스는 그해 12월 1일 상하이에서 쑹메이링宋美齡과 결혼식을 올렸다. 다음 해 1월 초 난징에 도착하여 당시 시내 남쪽 싼위안샹三元巷 2호에 있는 국민혁명군총사령부에 신혼집을 마련하였다. 1928년 3월, 광저우廣州에 있던 황푸군관학교의 주요 부분이 난징으로 이전되어 중앙육군군관학교가 개교하였다. 당시 교장에 취임한 장제스는 자신의 관저를 학교 안에 두고자 했다. 이에 1929년 7월 중순부터 3개월에 걸친 공사 끝에 지하 1층 지상 2층 규모의 서양식 건물이 완공되었다. 장제스는 자신의 관저에 '치루'라는 별칭을 붙였고 당시 국민당 내 인사들은 '교장 관저'로 호칭했다. 이후 중일전쟁기 일본군이 난징을 점령했던 기간을 제외하고 장

장제스 관저 치루(1946년경)

제스는 난징에 머물던 시기의 대부분 시간을 치루에서 지냈다. 즉 치루는 장제스가 거주하고 사무를 보던 공간이자 외빈을 접견하던 장소이기도 했다. 현재 이곳은 군 구역으로 일반인의 방문이 금지되어 있다. 난징의 민국 시기 건축 관련 서적을 참고하여 치루의 내부 공간을 간단히 소개하면 아래와 같다.

치루는 남향 건물로 일층에는 응접실 공간 외에 장제스 사무실과 접견실 등이 있다. 건물 이층은 침실과 서재 등이 있는 사적인 공간이다. 우선 건물 밖 정중앙에 보이는 네 개의 계단을 지나면 인조 대리석 바닥이 깔린 통로가 길게 나 있다. 통로를 지나면 먼저 양쪽으로 두 개의 응접실이 보인다. 동쪽으로 큰 응접실이 있는데 그 내부 벽에는 쑨원과 장제스가 함께 찍은 사진이 걸려 있다. 서쪽에 있는 작은 응접실은 주로 쑹메이링이 손님 접대에 이용했던 공간이다. 응접실들을 지나면 서북 측에 양쪽으로 열리는 문이 보이는데 그 안이 바로 장제스의 사무실이다. 사무실은 다시 두 개의 공간으로 나뉘어 한 공간이 평소 문서를 검토하고 군정 요인들을 만나던 장소이며 다른 공간은 특별 초청인이나 특수한 사람에게만 허용된 밀실 같은 곳이다. 그렇다면 일찍이 1930년대 치루를 방문했던 김구나 한인 독립운동가들은 아마도 이 밀실에서 장제스와 만나지 않았을까?

치루 외에 난징에 있는 장제스의 별장 건물로는 시내 동쪽 쯔진산紫金山에 있는 메이링궁美齡宮과 난징 동쪽 교외의 온천 지역인 탕산湯山에 자리한 타오루陶廬가 남아 있다. 중일전쟁이 끝나고 난징으로 복귀한 장제스는 다시 치루에 거주했고 후에 그가 총통에 취임하자 치루는 '총통 관저'로 불리었다. 1949년 1월 21일 오전 장제스는 치루에서 하야 성명을 발표하였다. 그리고 당일 밍구궁明故宮 비행장에서 전용기 메이링호를 타고 고향인 저장성 평화奉化현으로 향했는데 그 후 다시 는 치루로 돌아가지 못하였다.

장제스와 만나다

김구를 비롯한 한인 독립운동가들이 이 시기 치루를 방문하였 다. 그들은 장제스와 만나 재중 한인 독립운동에 대한 지원을 요청하 고 한중연합항일 방안을 모색하며 의견을 나누었다. 중일전쟁 개시 이 전 장제스는 비록 국내 정치의 안정을 당면 과제로 삼고 공산당 토벌 에 주력하면서 항일에 소극적이었지만 한인 독립운동가들을 초청하 여 의견을 나누면서 지원을 약속하고 협력 방향을 논의하였다. 당시 한인 독립운동 지도자 중 첫 번째 방문자는 김구였다.

윤봉길 의거 이후 수개월 동안 자성에 피신 중이었던 김구가 장제 스를 만나기 위해 난징에 도착했다. 피신 과정에서 만남이 성사되기까 지 김구 측에서는 난징에 있던 한국독립당 소속 박찬익이, 중국 측에 서는 중국국민당 중앙조직부장 천궈푸와 샤오정 외에 천리푸陳立夫・ 궁페이청貢沛誠이 사전 연락을 취하였다. 박찬익은 1930년경부터 난징 에서 거주하였는데 천궈푸의 소개로 중국국민당 난징시당부에 근무 하면서 임정과 한국독립당의 대중 외교 실무를 담당하고 있었다. 천궈푸는 그의 숙부 천치메이陳其美와 함께 신해혁명에 참여한 후 일찍부터 재중 한인혁명가들과 교류하였다. 난징국민정부 시기에는 중국국민당 중앙조직부 부장·장쑤성정부 주석 등을 역임하면서 한인 독립운동을 지원하였다. 윤봉길 의거 후에 천궈푸는 샤오정에게 밀명을 내려 김구의 도피와 신변 보호를 돕도록 하였다. 이에 샤오정은 상하이에서 항일후원회를 조직하여 활동하고 있던 자싱 출신의 국민당 당원 추푸청에게 연락하여 김구 등을 자싱으로 피신시켰다. 천궈푸와 샤오정이 난징에서 업무를 지시하는 동안 자싱에 거주하던 김구와 난징 사이의 직접 연락 업무를 담당했던 사람은 박찬익과 궁페이청이었다.

샤오정은 중앙정치학교 교수이자 중국국민당 중앙당부 소속으로 천궈푸의 지휘하에 김구의 자싱 피신을 돕는 것에서 시작하여 1940년 충칭에서 한국광복군이 성립될 때까지 김구와 관련한 한국 사무의 실무를 담당한 인물이다. 1932년 7월 무렵 샤오정 등은 궁페이청을 통해 김구에게 한국 혁명 계획서를 제출해 줄 것을 요구했다. 이에 김구는 장제스와의 면담을 희망한다는 것과 만주에 기병학교 설립 의사를 구두로 전달하였다. 그해 8월 장제스는 군사위원회 위원장 겸 후베이·허난·안후이 3성 공산당 토벌 총사령鄂豫皖三省剿匪總司令으로 한커우에 머물고 있었는데 천리푸를 통해 샤오정에게 전보하여 지시하기를 기병학교 계획은 논외로 하고 난징에서 만나자고 회답하였다. 이후 9월에 장제스가 난징으로 돌아온 후 만남이 성사되었다.

김구의 난징 방문 과정과 면담 내용에 대해『백범일지』에는 다음과 같이 서술하고 있다. 김구가 안공근·엄항섭과 함께 난징에 도착하자

천궈푸는 샤오정과 궁페이청을 보내어 김구를 마중하였고 일행은 중
양판덴中央飯店에 투숙하였다. 다음 날 밤 김구는 박찬익을 통역으로 대
동하고 천궈푸의 차에 올라 장제스 관저로 향하였다. 관저에 도착하자
중국옷을 입은 장제스가 온화한 미소로 김구를 맞이하였다. 피차 간단
한 인사를 마치고 대화를 나누던 중 김구가 장제스와 단독 면담을 요
청하였다. 천궈푸와 박찬익이 밖으로 나간 뒤 김구와 장제스는 붓으로
필담을 나누었다. 그 자리에서 김구는 장제스에게 만약 100만 원을 허

락해 준다면 2년 내로 일본·조선·만주 세 방면에서 대폭동을 일으켜 일본의 대륙 침략의 교량을 파괴하겠다고 제안하였다. 이에 장제스는 상세한 계획서를 서면으로 작성하여 줄 것을 요청하였고 김구는 다음 날 간략한 계획서를 보냈다.

샤오정의 회고에는 당시 두 사람의 면담 내용이 좀 더 상세하게 언급되어 있다. 즉 장제스는 김구에게 주로 일본 군대의 인원과 활동 등에 대한 정보를 탐지해 줄 것을 요구했고 김구는 경상비와 군관학교 설립 지원을 요청했다. 이에 장제스는 자금 지원은 약속했지만 군관학교 설립은 일본에 노출될 위험이 있기 때문에 그 대신 중국 군관학교 안에 한 개 반을 부설하는 것이 좋겠다고 하였다. 그리고 두 사람의 면담 다음 날 천궈푸는 김구를 자신의 별장으로 초대하여 장제스를 대신하여 의견을 전달하였다. 이후 쌍방은 협의를 거쳐 중앙육군군관학교 뤄양분교에 한인훈련반을 개설하기로 합의했다. 샤오정에 따르면 그가 천궈푸의 학교 동창인 주사오저우祝紹周가 교장으로 있는 뤄양분교를 건의하였고 이에 대해 천궈푸가 다시 장제스의 결재를 거쳤다고 한다. 요약하자면 김구가 한인 군관학교 설립을 요청하자 이에 장제스는 중국 군관학교에 별도의 한인반 설치를 제안했고 이후 쌍방 논의를 거쳐 중앙육군군관학교 뤄양분교에 훈련반이 설치된 것이다.

이외에도 당시 천궈푸와 김구는 자금 지원과 안전 문제 등에 대해 다음과 같이 결정하였다. 즉 매달 생활 보조비 및 활동비 명목으로 오천 원을 지원하고 특별 사업비는 김구가 계획서를 제출하여 장제스의 결재를 받은 후 천궈푸가 경비를 마련한다. 경비 지급 업무와 김구의 안전 및 사무실 마련 업무는 샤오정이 맡아 처리하며 궁페이청을 한국 사무 처리에 참여시킨다. 이에 따라 김구 지원 경비는 1933년 2월부터 천궈푸가 관리하는 특별비에서 지급되다가 1934년부터는 국민당 중앙당부 특별비에서 직접 지급되었는데 전달 업무는 샤오정을 통하여 박찬익, 후에는 안공근이 대신 수령하여 김구에게 전달되었다. 이상과 같이 장제스와의 만남 이후 김구는 천궈푸 이하 중국국민당 측 인사들의 지속적인 협력과 체계적인 지원을 보장받게 되었다.

그런데 여기서 한 가지 짚고 넘어가야 할 사실은 김구와 장제스가 만난 시간에 대한 것이다. 이에 대해 『백범일지』에는 언급이 없고 최근까지도 1932년 설(손세일, 2015, 468쪽)과 1933년 설로 서로 다른 주장이 있기 때문이다. 당시 연락 실무를 담당했던 샤오정 역시 1932년 9월이나 10월이라고 회고했다가 또 다른 글에서는 그해 겨울로 언급하였다. 그러나 어쨌든 샤오정이 1932년 하반기로 기억한 사실에서 1933년일 가능성은 거의 없다. 또 이와 관련하여 샤오정이 1933년 2월부터 천궈푸가 김구 측에 지원 자금을 전달하였다고 언급한 사실, 1933년 10월 27일 천궈푸가 장제스에게 보낸 한 전문 내용에 "지난해 한인들이 우리 군관학교에 입학할 수 있도록 허락하시고 … "라고 한 것을 고려할 때 두 사람이 만난 시간은 1932년 하반기 9월 이후 어느 날인 것이 분명하다.

한편 1936년 초 김구는 한인 독립운동가들과 함께 다시 치루를 방문하였다. 3월 4일 자 『조선일보』 조간 2면에는 2월 중순경 김구·김규식·김원봉·양기탁 등 6명이 장제스 관저를 방문했다는 보도가 있

천귀푸(1945)

었다. 그 자리에서 김구 등은 '조선○○군'의 자금 원조를 요청하여 호의 있는 대답을 받았다고 한다.

사실 1937년 7·7사변 전후 장제스와 김구는 몇 차례 더 만났던 것으로 보인다. 당시 일본 측 정보 기록에는 7월 3일에 장제스가 난징에서 비밀리에 김구를 초대하여 전쟁 확대에 대비하여 의견을 나누고 김구가 경비 증액을 요구하였다거나, 7월 20일 김구가 장제스를 면회하고 제반의 협의를 하고 원조금 증액을 승낙받았다는 기록이 보인다. 한국과 중국은 날로 확대되는 일본의 대륙 침략에 대비하여 긴밀한 협력 관계를 필요로 하였고 김구는 한국독립군의 필요성을 호소하면서 장제스의 지원을 요청했을 것이다.

중앙판뗀

    중앙판뗀의 현주소는 난징 중산둥中山東로 237호(건립 당시 303호)이다. 당시 국민정부 청사 앞에 3층으로 세워져 1930년 1월에 개업하였고 현재도 여전히 영업 중이다. 건립 초기에는 중서양식당, 오락실, 이발관 등 각종 서비스 시설을 갖춘 난징의 최상급 호텔로서 국민당 정치인들이 자주 이용하였는데 장제스·쑹메이링 부부도 외빈 접대를 위해 종종 들렀다고 한다. 중앙판뗀 정문 동쪽 벽에는 이러한 역사를 간략히 설명하는 안내판이 걸려 있다.

    1930년대 난징을 스쳐 간 한인 독립운동가들도 중앙판뗀에 숙박하거나 만남의 장소로서 이곳을 방문하였다. 우선 1932년 가을 김구가 안공근·엄항섭과 함께 중앙판뗀에 투숙하였다. 1935년 8월에는 김구의 특무대독립군에 가담했던 황국주黃國柱가 투숙했다. 또 김원봉이 운영한 조선혁명간부학교를 졸업하고 조선민족혁명당 청년당원으로 활동하던 정율성鄭律成이 1937년 여름 우연히 중국의 작곡가 셴싱하이洗星海를 만난 곳도 이곳이다. 정율성은 그 후 옌안延安으로 가 루쉰예술학원에서 음악 공부를 마치고 「옌안송延安頌」과 「팔로군행진곡八路軍進行曲」 등을 작곡하여 중국에서 존경받는 음악가가 되었다.

    장제스를 만나기 위해 간 김구가 중앙판뗀에 투숙한 날짜나 객실 호수 등에 대한 기록은 남아 있지 않다. 그런데 일본 측 정보 기록에 따르면 김구가 1933년 9월 17일에 중앙판뗀을 다시 들렀다고 하는데 그 대략적인 내용은 다음과 같다. 9월 13일 김구는 안경근安敬根과 함께 배편으로 항저우를 출발하여 다음 날 쑤저우에서 급행열차로 갈아타고 15일 오전에 난징의 창장 연안에 있는 샤관下關에 도착, 둥난판뎬東南飯店에 투숙하였다. 이후 17일 오전 8시에 김구는 숙소를 중앙판뎬으로 옮기고 박찬익과 366호에 동숙하였다. 당일 오후 7시에는 치왕望가(현 젠캉建康로) 좡위안러우壯元樓에서 손두환孫斗煥과 회식하였다. 다음 날 18일에 김구는 난징 시내 파오마샹跑馬巷 핑안平安리에 있는 싼민三民의원에 입원하여 26일까지 머물렀다는 것이다.

당시 조선총독부가 상하이에 파견한 나카노 가쓰지中野勝次 사무관은 위의 정보에 대한 진위가 의심스럽다고 하여 사실 여부를 단언하기는 어렵다. 만약 사실이라면 9월 17일 오전에 김구가 박찬익과 함께 투숙했다고 하는 중앙판뎬 366호는 아마도 3층 66호였을 것이다. 김구가 항저우에서 난징까지 간 이유는 병 치료를 위한 것처럼 보이지만 중앙판뎬에 투숙한 날 저녁에 손두환과 회식했다는 사실로 보아 심각한 상황은 아니었던 듯하다. 손두환은 이전 황푸군관학교에서 장제스의 부관 겸 교관을 지낸 바 있고 난징에서도 중앙육군군관학교 일어 교관으로 근무하면서 뤄양분교 한인훈련반 입학생 모집에 관여하고 있었다. 아마도 김구는 뤄양군관학교 학생 모집 상황 파악과 점검을 위해서 난징을 방문했던 것은 아닐까?

중앙판뎬은 1949년 중국인민해방군에게 접수된 후 한동안 군 간부숙소로 사용되었다. 1995년부터 중앙판뎬으로 영업을 재개하였고 그간 몇 차례 리모델링을 거쳐 원래 3층이던 것이 현재는 4층 건물로 증축되었다. 그렇지만 외관상으로 볼 때 원형이 그런대로 잘 보존된 듯

중앙판뎬의 현재 모습

중앙판뎬 로비의 현재 모습

하다. 호텔 1층 카운터 쪽 벽에는 민국 시기 중앙판뎬의 모습을 재현한 그림이 걸려 있다. 호텔 로비에는 웅장한 기둥들이 나지막한 천장을 떠받치고 동편에는 2층으로 연결되는 고풍스러운 곡선 계단이 있는데 2층 중식당에서는 요즘도 민국풍의 요리를 제공한다.

현재 중앙판뎬 주변에는 다양한 역사 유적과 교육·문화 공간들이 들어서 있다. 중앙판뎬의 서쪽 방향으로는 대형 음악당 같은 외관의 난징도서관이 보인다. 또 북쪽으로는 국민정부 청사였던 총통부와 난징의 육조六朝시대 지하 유적지 위에 건립된 육조박물관이 있다. 중앙판뎬 정문 앞 대로인 중산둥로를 건너면 바로 리지샹利濟巷이란 골목이 있고 그 골목으로 들어서서 조금 걷다 보면 리지샹위안소유적진열관이 나타난다. 일본군이 난징을 점령했던 시기 박영심을 비롯한 한인 '위안부'들이 수용되었던 위안소 건물 유적을 현재 보수와 재단장을 거쳐 역사전시관으로 개방하고 있다.

중양육군군관학교
한인애국단과

윤은자

김구 활동의 조직 기반

중양육군군관학교의 전신은 1924년 중국국민당이 국민혁명國民革命을 수행할 장교를 양성하기 위해 광저우廣州에 설립한 황푸군관학교黃埔軍官學校이다. 1927년 4월 난징국민정부가 수립된 후 장제스는 그해 11월부터 중양육군군관학교의 설립을 추진하고 황푸군관학교의 주요 부분을 이전하여 다음 해 3월에 개학했다. 학교 부지는 난징 시내 동북 방향 이전 청대 육군학당이 있던 곳으로, 현재 황푸로 3호 소재 중국인민해방군 동부전구 사령부 구역에 마련되었다. 중양육군군관학교는 서양식 기숙사와 웅장한 외관의 대강당 건물을 갖춘 중국 제일의 현대적인 군관학교였다. 지금은 사라지고 없는 학교의 남쪽 정문으로부터 중산동中山東로에 이르는 남북 방향의 대로를 황푸로라고 불렀는데 그 길은 여전히 그 이름으로 남아 있다.

김구가 난징에서 전개하는 모든 활동의 조직적 기반은 한인애국단과 중앙육군군관학교 재학생과 입학 예비생들이었다. 김구는 한인애국단을 주축으로 한국특무대독립군·학생훈련소·한국국민당청년단을 결성하여 독자적인 항일 조직 역량을 구축해 나갔다.

중앙육군군관학교와 한인 입교생

신해혁명 이후 쑨원은 군벌과 제국주의를 타도하고 국민혁명의 목표를 달성하기 위해 1924년 1월 국공합작을 추진하였다. 이와 함께 북벌을 실행할 군 인재를 배양하고자 광저우에 황푸군관학교(원명 중국국민당육군군관학교)를 설립하였다. 황푸군관학교는 약소민족의 연합과 민족해방운동의 지원을 제창한 쑨원의 뜻에 따라 한인 청년들의 입학을 격려·우대하였다. 재중 한인 독립운동가와 단체들 또한 독립 투사와 인재 양성을 위해 그 기회를 적극 활용하였다. 황푸군관학교의 한인 입학은 1925년 7월에 입학한 3기생부터 시작하여 이후 6기까지 총 43명이 확인되었다. 그리고 1927년 말 황푸군관학교 우한武漢분교에는 200여 명의 한인이 재학 중이었다고 한다.(한상도, 1994, 163~166쪽)

1927년 4월 난징국민정부가 수립된 후 장제스는 황푸군관학교의 난징 이전을 추진하였고 이에 따라 1928년 3월 난징에서 중앙육군군관학교가 개교하였다. 중앙육군군관학교는 장제스가 교장을 맡았으며 이전의 명칭을 따라 '황푸군교'로 혹은 '난징본교'로도 불리었다. 그 교육 목적은 육군 초급 장교를 양성함으로써 현대화된 국민당 군대를 건립하는 데 있었다. 학교 부지는 난징성 안 동북쪽 이전 청대 신군新軍의 포병炮標과 기병馬標 훈련지였던 소영小營 자리, 즉 현재 쉬안우玄武구에 위치한 중국인민해방군 동부전구東部戰區 위치이다. 학교 건물군은 1928년부터 1933년까지 6년 동안 건설되었는데 1908년에 세워진 정문과 본관 건물 뒤로 웅장한 규모의 서구식 대강당과 숙소 건물들이 신축되었으며 동시에 만 명을 수용할 수 있는 운동장도 갖추었다.

중앙육군군관학교의 입학 자격은 원래 18~24세 연령의 고급중학(고등학교) 졸업자로서 중국인이다. 학교 설립 초에는 2년제로 북벌전쟁으로 인해 학업이 중단되었던 광저우 황푸군관학교 5·6기생, 우한·창사분교 학생, 학병단, 푸젠육군간부학교 학생 등을 합하여 5~7기생이 배출되었다. 1930년 8기 입학생부터는 3년제를 시행하여 1년의 예비생 교육을 마치면 다시 시험을 치러 정식생을 선발하고 합격자는 각자의 지원과 시험 성적에 따라 보병·포병·기병·공병·군수품 등 각 병종 학생대學生隊에서 2년의 교육 과정을 수료했다. 졸업 후에는 각 부대에서 반년 동안 견습관으로 근무한 후 소위로 보충 임명되었다. 이후 1937년 10월까지 10년간 제5~13기까지 총 9기 학생이 난징본교에서 공부하였다. 그중 제5~11기 학생 1만 1000여 명이 졸업하였고 제8~13기 학생, 총 7459명을 모집하였다.(陳宇, 2007, 18쪽)

중앙육군군관학교에도 꾸준히 한인 청년들이 입학하였다. 1928년 12월경 동아일보 기자 신분으로 난징을 방문했던 주요한朱耀翰은 "중양육군군관학교에 조선 태생의 학생이 열두 명가량 재학 중"이라고 보도했다. 그 후 김구와 장제스가 면담한 후 군관학교 입학생을 본격적으로 모집하는 과정에서 국내 잡지에 난징 유학을 권장하는 글들이 속속 게재되었다. 1933년 1월 당시 난징의 중앙정치학교中央政治學校 외교과에 재학 중이던 신기언申基彦은 국내 잡지 『별건곤別乾坤』에 난징의 한인 유학생이 20명인데 그중 5명이 특수학교인 중앙육군군관학교에 재학 중이라고 소개하고 난징에는 관립학교가 많고 한인도 관비생으로 입학 가능하다고 선전하였다. 실제로 이러한 내용을 보고 국내에서 난징행을 결심한 청년들이 적지 않았다.

중앙육군군관학교는 한인 청년들을 수용하기 위해 별도의 규정을 제정하였다. 즉 한인은 보통반과 특별반으로 나누어, 보통반은 예비반으로서 그 학력과 연령을 묻지 않고 신체검사에 합격한 자를 입학시

중앙육군군관학교 11기생(1935.3.24. 안춘생 제공)

켜 수업 연한을 1년으로 하고, 특별반은 중국인 학생과 동일하게 수업하도록 하고 그 연한도 3년으로 한 것이다.

한 연구에 따르면 중앙육군군관학교 제7~13기 중 파악된 한인 학생 총수는 48명 정도이다(한상도, 1994, 168~169쪽). 이는 『육군군관학교 제22기 2총대 동학록陸軍軍官學校第二十二期二總隊同學錄』에 기재된 졸업생 명단에 근거하여 산출된 것으로 입학 시 성과 이름을 바꾸거나 중도 퇴교자가 많았던 상황을 고려하면 그 이상의 학생들이 입학·재학했을 가능성이 있다. 그 외에 이전 광저우 황푸군관학교 때부터 재직한 손두환·김철남金鐵男이 일어 교관으로 근무했다.

한편 난징의 중앙육군군관학교는 이후 뤄양, 청두成都, 쿤밍昆明에 분교를 설립했다. 그중 1933년 8월 가장 먼저 개학한 뤄양분교에는 한인훈련반이 설치되어 1934년 2월 개학하였다. 한인훈련반의 정식명칭은 '중앙육군군관학교 뤄양분교 제2총대 제4대대 육군군관훈련반 제17대'이다. 베이징·상하이·톈진·난징 등지에서 모집된 17~35세의 한인 청년 총 92명이 입학하였고, 수업 연한이 1년인 보통반 즉 예

비반으로 구성되었다. 한인훈련반의 운영은 김구가 고문 자격으로 총괄하였으며 실무는 한인애국단 간부로 난징에서 김구를 보좌했던 안공근·안경근·노종균盧鐘均이 담당하였다. 현지 교관으로는 만주에서 활동하던 지청천·이범석李範奭·오광선吳光鮮 등이 초빙되었다. 한인훈련반에 대해서는 독자적인 교육 운영이 허용되었다. 개학 초 교관 지청천·이범석 등은 학생들에게 훈련반의 설립 목적에 대해 '조선의 독립을 성취하기 위해 현 단계에서 중국과 제휴하여 중한합작 반만反滿 항일운동을 전개해야 하며 장차 세계대전이 발발하면 파괴·암살·폭파에 종사하고 노동자 농민 대중을 지휘하고 중국군과 연합하여 목적을 달성해야 하는데 이에 필요한 간부를 양성하고자 한다'고 강조하였다.

당시 중국국민당은 이들을 졸업과 동시에 중국군에 배속시키고 일부는 만주나 국내로 파견하여 반만항일운동에 종사시키고자 하였다. 일제 정보 기록에는 중국 측이 뤄양분교 졸업생을 중한혁명군이라 칭하여 뤄양에서 중국군교도대를 편성하고 주로 반만항일공작 별동대에 배속시키려 한다고 언급하였다.

> 난징의 중앙군사위원장 장제스는 … 간접적으로 중국 내 불령조선인들을 이용 사주하여 반일만 공작을 진행하고 전적으로 책임을 조선인에게 전가시키려는 견지에서 금후 조선인 군관양성에 대해 적극 원조할 것을 서약했다고 한다.(『백범김구전집』 4, 1999, 836쪽)

그러나 한인훈련반의 운영 과정에서 발생한 내부 갈등으로 인해 1934년 7월 김구는 25명의 학생을 난징으로 철수시켰고 이때 지청천·이범석·오광선도 사퇴하고 학교를 떠나게 되었다. 이후 잔류한 62명의 학생은 분산 수용되어 중국 교관의 수업을 받다가 1935년 4월 9일 졸업하였다. 이러한 상황에서 난징 주재 일본총영사가 중국 측에 강력히 항의하고 위협을 가하면서 한인훈련반은 제1기로 끝나게 되었다. 그 후 졸업생 전원은 난징으로 이동하여 각각 김구·김원봉·지청천 계열의 정당·단체 소속 청년 대원으로 흡수되었다.

앞서 1934년 7월 김구가 난징으로 철수시킨 25명 학생 중에는 김구의 장남 김인과 안중근의 5촌 조카 안춘생이 포함되었다. 김구는 그들 중 일부는 특수공작에 전념하도록 하고 1명은 중앙대학에, 그리고 안춘생을 포함한 13명은 중앙육군군관학교 10기에 편입학시켰다.

1934년 한 해 동안 중앙육군군관학교 제10·11기에 김구·김원봉 측 또는 기타 독립운동단체의 추천을 받은 한인 청년들이 다수 입학하였다. 구체적으로 제10기 예비반에 17명 학생이, 제11기에는 총 20명의 입학생 중 2명이 정식반에, 나머지는 예비반에 입학하였다. 1936년 2월경에 김구 쪽 14명과 김원봉 쪽 12명이 재학 중이었다.

1934년 9월 김구는 중앙육군군관학교 11기 입학생 7명을 입학식 전날 집합시키고 다음과 같이 훈시하였다.

중국과 한국이 공동의 원수인 제국주의 일본을 타도, 보복하기 위한 공동전선을 펴기 위해서는 각각의 혁명적 투사를 필요로 한다. 이에

중앙육군군관학교 제10기 보병과 학생 안춘생 졸업증명서(1936.6.16.)

우리와 장제스 사이에 양해가 성립되어, 장제스는 우리들 한국 혁명 가에 대해서만 중국의 군관학교를 개방해 준 것이다. 공동의 적 제국 주의 일본을 타도한다는 점에서는 한민족도 중국인도 또한 마찬가지 다. 그러나 우리들의 목적은 조국의 광복이며 한민족의 안온이고, 중 국은 그 나라의 번영이므로 양자는 목적과 수단을 위하여 일시적으로 는 이렇게 제휴하고 있지만 이것이 영원한 악수는 아니다. 따라서 그 대들은 비록 장제스의 군관학교에 입학하더라도 한민족 혁명의 투사 로서 그 소양을 배양해야 한다. 장제스의 군관학교에 입학해도 상제스의 군인이 되는 것은 아니다.

그대들은 중국 군관학교에 들어가도 한국의 군인이 된다는 것을 머릿속 깊이 새겨두고 장제스를 교장으로 생각하지 말고 어디까지나 나(김구 - 필자 주)를 교장이라고 생각하고 모든 일을 상의하라.(『한민족독립운동사자료집』43, 2000, 427쪽)

이상에서 김구는 중앙육군군관학교 한인 입학생들에게 중국 최고의 군관학교에 입학하여 교육을 받고 장차 중국과 더불어 일본 타도를 위한 항일공동전선을 전개함으로써 조국의 광복과 한민족의 안온이라는 최종 목표를 달성해야 한다고 역설하였다. 이와 함께 장제스가 공동의 적인 일본을 타도하기 위해 중국 군관학교를 개방해 주었지만 한국과 중국은 각자의 궁극적인 목표를 위해 일시적으로 제휴한 것이므로 중국 군관학교에 입학하더라도 중국 군인이 아닌 한국의 군인이 되어야 한다는 것과 김구 자신을 교장으로 여길 것을 강조하면서 입학생들이 나아갈 방향과 자신의 지도적 역할을 명확히 하였다.

한인애국단과 류예가 학생수용소

기존 연구에 의하면 한인애국단은 임시정부 산하의 비밀결사적 단체로서 만주사변이 일어난 1931년 말에 상하이에서 조직되었다. 당시 침체된 독립운동을 활성화시키기 위해 암살·파괴 위주의 특무

공작을 전개하고자 한 것이다. 상하이에서 한인애국단은 김구 지휘하에 독자적인 특무공작 활동을 전개하였으며 1932년 초부터 의열투쟁을 전개하여 그 활동 범위가 일본의 도쿄, 국내의 서울과 중국의 상하이·만주에 걸쳐 있었다. 그리고 1932년 이봉창·윤봉길 의거를 통해서 그 존재가 세상에 널리 알려지게 되었다. 동년 8월 14일 김구는 자신의 명의로 발표한 '한인애국단 선언'에서 애국단은 독립을 목표로 한 순수 애국단체로 단지 일본만을 상대로 자주적인 폭열 투쟁을 계속할 것임을 선포했다.

김구가 장제스와 면담하고 중앙육군군관학교 뤄양분교 한인훈련반 입교생을 모집하는 과정에서 김구의 거처와 활동의 중심이 난징으로 옮겨졌다. 이후 김구가 난징에서 전개하는 모든 활동의 조직적 기반은 한인애국단이었다. 한인애국단은 일본 군정요인과 친일파에 대한 암살 임무 외에도 비밀리 중국국민당 중앙조직부와 협력하여 대일 정보 수집 공작을 진행하였다. 동시에 김구가 중국국민당과의 교섭을 진행하거나 대외 활동을 벌이는 데 있어서 한인애국단이 공식적인 단체로서 언급되었다. 실제로 김구가 난징에서 운영한 조직과 단체에 대한 실무는 안공근 등 한인애국단의 간부들이 담당하고 있었다. 난징 지역 초기 한인애국단 간부로는 안공근·안경근·노태연盧泰然·오면직吳冕稙·노종균·이마석李摩石 6인이 있었다. 이들 중 이마석을 제외한 나머지 5인은 모두 김구와 같은 황해도 출신으로 일찍이 상하이에서 장기간 특무 활동에 종사했던 인물들이다.

중앙육군군관학교에 입학했던 백찬기白贊基는 1935년 11월 작성한 자술서에서 한인애국단 조직에 관하여 다음 같이 언급하였다.

> **답:** 한인애국단은 언제쯤 결성되었는지 자세히 모르나 내가 알고 있는 애국단원은 김구파의 간부들뿐이고 학생들은 들어가지 않은 것 같다. 그리고 그 단원들은 모두 난징에서는 애국단의 휘장을 패용하고 있다. 단장은 김구, 부단장은 안공근, 재정부는 안경근, 학생계는 노태연, 비서는 주효춘(오면직 - 필자 주), 조사부는 양동우(노종균 - 필자 주), 전령은 이마석이다. … 그 목적하는 바는 조선의 독립과 제국주의 일본을 타도하는 데 있음에는 틀림이 없다. 그리고 그들이 패용하는 단원 휘장은 직경 사 푼쯤의 벚꽃 모양의 금속제로 은 바탕에 전서篆書로 '애愛'라는 글자를 금빛으로 부조하였고 핀침이 붙어 있는데 얼핏 보기에는 넥타이핀과 같다. 이것을 양복 깃 뒤에 달고 서로의 표지로 하고 있다.
>
> **문:** 입단하지 않은 네가 어떻게 그런 것을 아는가.
>
> **답:** 작년 6·7월경에 아직 난징성 내 류예柳葉가 56호 김구파 학생수용소에 있을 때 이마석에게서 단의 개요를 들은 바 있고, 단원 휘장은 간부들이 패용하고 있는 것을 여러 번 보아서 알고 있다.(『한민족독립운동사자료집』 43, 2000, 445~446쪽)

백찬기의 자술 내용에서는 난징에서 활동하던 한인애국단의 조직과 구성원에 관한 정보 외에 그 거점과 그들이 패용한 휘장에 대해 언급하고 있다. 즉 1934년 6~7월경 난징 한인애국단 조직의 거점은 류예가 56호였고 동시에 그곳은 김구의 '학생수용소'였다. 또 한인애국단 단원들은 직경 4푼 정도 크기의 벚꽃 모양을 한 넥타이핀처럼 생긴 금속 휘장을 양복 깃 뒤에 패용하였다. 여기서 백찬기는 벚꽃이라 했지만 그것은 아마도 대한제국의 상징인 오얏꽃일 것이며 그것은 은 바탕에 금색으로 애국단을 의미하는 '애愛 자'가 전서체로 부조된 모양이라는 것이다.

백찬기가 학생수용소에 들어간 후 상황은 다음과 같다. 당초 그는 런샤오仁孝리 노태연의 집 쪽에 살다가 5월 20일경 류예가 56호로 이사하여 한인애국단 간부 4명과 중앙군교 입학 준비생 7명과 함께 거주하였다. 간부 한 명이 학생들을 감독하고 학생들은 취사나 청소를 하는 일 외에 비치되어 있는 신문·잡지 등을 읽으면서 지냈다. 이후 6월 중순경에는 김구의 모친과 아들 신이 합류하면서 김구가 자주 방문하였다. 김구는 어느 날 학생들을 집합시키고 혁명에 투신한다는 선

중앙육군군관학교 제11기생, 한국특무대독립군 대원 백찬기

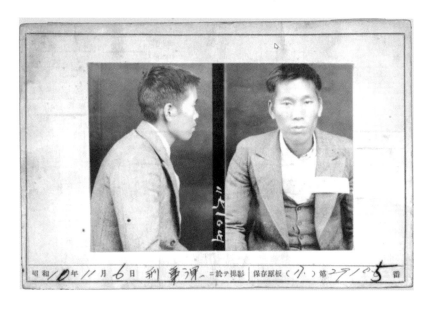

서식을 거행한 후 자신의 과거 혁명 운동 경력을 설명하고 학생들에게 훈시하였다. 이후 오면직이 시간이 날 때마다 학생들을 대상으로 국제정세, 조선의 농촌문제, 세계의 혁명운동에 관한 교육을 실시하였다. 백찬기와 기타 학생들은 9월 20일 중앙육군군관학교 11기에 입학하면서 류예가를 떠났다. 다시 말하면 1934년 5~9월경 류예가 56호는 한인애국단 거점이자 중앙군관학교 입학준비생들을 수용하고 교육하는 공간이었다. 현재 난징에는 여전히 류예가라는 거리가 존재하지만 주소 표기 방식이 이전과 달라 확인이 필요하다.

김구구락부와 한국특무대독립군

1934년 9월 류예가에 거주하던 학생들이 중앙육군군관학교에 입학한 이후 애국단 본부는 난징 시내 무장잉木匠營 가오안高安리 1호로 이사했다. 앞서 백찬기가 3개월 만인 12월 중순 주말에 애국단이 소집한 모임에 갔을 때는 이미 주소가 옮겨진 후였다.

가오안리 1호는 당시 내부적으로 구락부俱樂部 혹은 김구구락부로 불리었다. 구락부 건물은 붉은 벽돌로 지은 중국식 3층집으로 중국인에게 매달 35원에 임대한 것이었다. 당초 구락부 건물에는 한인애국단 간부 4인이 거주하고 있었고 2층에 라디오가 있었다. 1층은 학생들을 위한 구락부 공간으로 콘크리트 바닥에 의자와 탁자를 놓고 신문과 잡지를 비치해 두었다. 신문은 『오사카매일신문』, 『상하이일일신

문』, 『동아일보』, 『차이나 프레스』와 『신동아』, 『킹キング』 등의 잡지가 있었다. 김구의 소개로 중앙육군군관학교와 중앙대학에 입학한 학생들은 일요일과 기념일 같은 날에는 의무적으로 이곳에 집합했다.

1934년 12월 23일경 김구구락부에서 '김구 혁명 40주년 기념 축하회'가 열렸다. 일찍이 18세에 동학에 가담하여 40년간 혁명 활동에 종사해 온 김구의 생애를 되돌아보고 기념하는 행사였다. 당일 12시 반경에 시작되었는데, 기념식장은 정면에 한국기와 붉은 바탕에 검은 창과 방패를 그린 애국단기를 교차하여 두고 화병과 화환을 준비하고 사방에 만국기와 색지 등으로 장식했다. 당시 김구는 불참하였고 총 41명이 모였는데 한인애국단 간부 6명과 중앙육군군관학교 10기생 17명, 11기생 7명, 뤄양분교 퇴교생 6명, 의열단 측에서 김원봉 외 4인이 축하 내빈으로 참석했다. 행사의 진행은 안경근의 개회사, 안공근에 의한 김구의 약력 설명, 김원봉과 오면직의 축사, 학생 대표로 10기생 이의흥李義興의 발언, 김구 아들 김인이 대신한 답사가 있었고 마지막으로 안공근이 단상에서 "조선혁명 성공 만세, 약소민족 해방 만세, 김구혁명 40년 기념 만세" 등을 낭독하고 만세를 연창한 후 2시경 폐식하였다. 참석자 전원은 이후 시내 중화中華로 라오완춘지우뎬老萬春酒店에서 축하연을 하고 4시경 해산했다.

그로부터 일주일 후 1934년 12월 30일 오후 2시경 구락부에서 한국특무대독립군이 결성되었다. 결성식에는 23일 모임에 참여했던 인원 중 의열단 측 인사를 제외한 총 36명이 참석했다. 식은 결성 취지 설명, 서약서 명부 봉정, 행동 강령 낭독으로 이어졌다. 안공근이 특무대의 결성 취지에 대해 다음과 같이 설명하였다. "특무대의 목적은 조선의 독립과 민족의 행복을 위한 혁명이다. 현 시점에서 우리는 일본 제국주의 타도를 위하여 중국 또는 소련 연방과 악수하여 그 양해와 원조 아래 일본의 전선과 본토와의 중간을 차단함으로써 전쟁을 일본에게 불리하도록 유도한다. 당면 수단으로서 조선과 일본 본토 및 만주국에 대원을 밀파하여 철도·철교 등 큰 건조물을 파괴하고, 요로의 대관을 암살하고, 노동자 농민에 혁명 의식을 주입하고 선전·선동함으로써 우리들의 진정한 목적을 달성하도록 하는 데 있는 것이다. 이러한 반만항일 공작의 특수한 임무를 수행하므로 한국특무대독립군이라고 하였다." 다음으로 현장에서 각자 '김구 선생의 지도와 명령에 절대 복종하며 본 대의 규칙을 엄수할 것을 서약함'이라고 씌어진 서약서에 인적 사항을 기입하고 서명 날인하여 제출하였다. 이어서 오면직이 행동 강령으로서 '군사적으로 무장을 수양하고, 명령 위반자나 배신자에 대해서는 혁명 반역자로 처분하며, 장차 군사적 조직을 완성한다'는 등의 7개조 총령을 낭독했다. 이상 결성식을 마친 후 편대 상황을 발표하였다. 한국특무대독립군의 편성은 총대장 김구 외에 참모, 비서, 학생담당, 전령, 대·중·소대장, 대원으로 구성되었다. 한인애국단 간부들이 중대장 이상 간부에 임명되고 그 아래에 2중대 7소대를 두었는데 소대장 이하에는 참여 학생들을 배치하였다.

한국특무대독립군 결성 이후 가입 대원들의 소식은 상급 간부에게 보고되고 대원들은 매주 일요일 구락부에서 회합하였다. 회합 시에는 때로 간부의 훈시가 있었고, 평소에는 국제정세나 혁명운동 관련 시사

보고와 정치·경제 문제나 조선혁명에 대한 상호토론을 진행하였다. 또 내부 잡지로『신민新民』을 발행 배포했다. 대외 활동으로는 일제에 대한 특무 활동을 전개하는 한편 지연·학연 또는 친족 관계를 이용하여 군관학교 입학생 모집에 종사했다.

1935년 4월 뤄양에서 군관학교를 졸업한 청년 중 김구파 15명이 난징에 도착한 후 김구구락부, 즉 한국특무대독립군에 수용되었다. 이에 가오안리 1호는 기존 한인애국단 간부 한두 명 외에 새로이 도착한 청년들로 채워졌으며 주말에는 이들과 중앙육군군관학교 재학생들이 회합하였다. 김구구락부에 있던 뤄양분교 졸업자들 중에는 후에 중앙군교 본과에 입학하거나 광저우로 가서 중산대학에 입학하는 자가 있었고 일부는 군관학교 학생모집과 특무공작 임무를 띠고 상하이·만주 또는 국내로 파견되기도 하였다.

무장잉 골목 입구의 현재 모습

이상으로 한국특무대독립군은 김구를 지도자로 한 특무공작의 조직화와 전위 조직의 무장화를 위해 결성되었다. 그 조직 구성에 있어서는 기존 한인애국단 간부들이 지휘부를 형성하고 중앙대학·중앙육군군관학교 재학생과 뤄양분교 졸업생들이 주요 활동 대원으로 참여하고 있었다. 그런데 이후 활동 과정에서 1935년 10월 초 3명의 대원이 상하이 일본 경찰에 검거되어 조직이 폭로되었고, 또 내부적으로도 1936년 1월에 간부 노종균·오면직·한도원이 난징을 이탈하는 등 문제가 발생하여 위기에 처하게 되었다. 이에 김구는 1936년 1월 한국특무대독립군을 해산하기에 이르렀다. 그렇지만 중앙육군군관학교 출신자 등은 동년 7월 김구가 결성한 한국국민당청년단에 다시 집결하였다. 현재 난징의 무장잉 거리는 차량 한 대가 겨우 통행할 정도로 폭이 좁은 골목길이다. 또한 가오안리라는 명칭은 사라지고 그 흔적을 기억하는 사람도 없었다.

학생훈련소와 한국국민당청년당

중국 사람들은 무친허母親河라는 말을 즐겨 사용한다. 우리말로는 젖줄, 즉 어떤 지역에 생명력을 불어넣어 주는 강물을 말한다. 난징의 무친허는 친화이허秦淮河다. 다만 친화이허는 강이라고 하기에는 폭이 다소 좁은 듯하고 하천이라고 하기에는 물이 깊고 넓어 보이는 물줄기이다. 고대 난징 지역 도시 역사의 발상지는 친화이허 주변이었다. 일찍이 기원전 5세기 월왕越王 구천句踐이 축조한 월성越城이 현재 중화먼 밖 '외친화이' 남쪽에 있었다. 진秦·한漢 시기 난징의 정치 중심이었던 말릉秣陵 현성縣城 역시 친화이허 주변에 위치했다. 오吳나라 손권孫權 이후 그 정치 중심이 현재의 난징시 중심 쪽으로 이동했지만 당시에도 건업建鄴 도성 남쪽의 친화이허 주변은 공상업이 발전하고 인구가 밀집한 곳이었다. 친화이허는 두 줄기로 흐른다. 하나는 명대明代 난징 성벽 바깥으로 해자처럼 흘러서 창장으로 빠져나가는 '외친화이'이고, 다른 하나는 성벽 밖에서 안쪽으로 흘러 들어갔다 다시 성 밖으로 나와 창장과 만나는 '내친화이'이다. 내친화이에서 가장 번화한 곳이 푸쯔먀오夫子廟, 즉 송宋 때 세워진 공자 사당 주변 구역인데 지금도 저녁이면 둥그런 홍등이 하천을 따라서 수면 위로 떠오르고 그 사이로 뱃놀이를 즐기는 인파가 붐비어 밤에 더 화려한 곳이다.

친화이허 둥수이관과 옛 둥관터우 32호 자리의 현재 모습

난징 동쪽 성벽에는 친화이허가 내외로 갈라지는 지점에 수위를 조절하는 갑문 같은 곳이 있는데 이를 둥수이관東水關이라 한다. 명대 주원장이 난징 도성을 쌓을 때 만든 둥수이관은 둥관터우東關頭라고도 부른다. 그리고 현재 둥수이관 남쪽에 있는 거리 명칭도 둥관터우이다. 요즘 둥관터우 거리 주변은 서민 아파트들이 들어선 주택가이다. 바로 옆으로 상점들이 밀집한 푸쯔먀오 쪽의 번화함에 비하면 상대적으로 조용한 곳이다. 그리고 거기에는 원래 1935년에 김구가 각지에서 모집한 청년들이 수용되었던 건물이 있었다.

김구의 시대로 돌아가서, 한국특무대독립군이 조직된 직후 한인애국단은 본격적으로 학생 모집을 통한 조직 확대에 착수했다. 즉 특무대 활동 대원들을 통하여 국내와 각지에 연락을 취하고 군관학교 입학 희망자들을 모집하였다. 그리고 난징에 도착한 학생들은 우선 김구 구락부에 가 한인애국단에 가입하도록 했다. 심지어 일부 지원자는 국내에서 먼저 가입 서명을 하고 난징으로 출발한 경우도 있었다. 이러한 애국단 상황에 대해 일제 정보 기록은 다음과 같이 서술하였다.

한인애국단은 조선 독립을 직접 행동에 의해 달성하는 것을 유일한 목적으로 삼는 흉폭파의 수괴 김구를 단장으로 하고, 이전 이봉창·윤봉길과 같이 조선 독립을 위해 조선에 있는 일본제국의 모든 군사시설 파괴·대관 암살·중요 건축물의 파괴 등의 흉폭 행위를 계획하는 중이며, 단원 간에는 항상 『도왜실기盜倭實記』의 내용 및 1919년 조선 독립소요 당시 일본군경에 참살된 조선 동포의 참상 또는 한국기를

배경으로 한 이봉창·윤봉길 사진 등을 모은 사진첩 등을 보면서 반일
항만의 분위기를 선동한다.(『백범김구전집』4, 1999, 659쪽)

각지에서 입학 지망생들이 모이기 시작하면서, 김구는 1935년 2월
둥관터우 32호 단층 건물 2동에 학생훈련소를 설치했다. 이곳은 특무
대예비훈련소 또는 몽장훈련소蒙藏訓練所로도 불리었다. 학생훈련소의
설립 목적은 각지에서 모집한 중양육군군관학교 입학 지망생에게 사
전 예비교육을 실시하는 데 있었다. 궁극적으로는 학생들을 중양육군
군관학교에 입학시켜 독립투사 즉 혁명 간부를 양성하고자 한 것이다.
학생훈련소는 당연히 대외적으로 비밀이었고 보안 유지를 위해 대원
들을 철저히 관리하였다. 초기에는 애국단 간부 노종균이 학생 감독
책임을 맡았다. 훈련소 내에서 학생들은 오전 7시에 일어나 밤 10시에
취침하고 학식 있는 대원의 주도하에 중국어·기하·대수 등을 자율적
으로 학습했다. 그 외에 김구가 가끔 방문하여 훈시하거나 한국특무대
독립군 간부들이 간간이 혁명 정신 교육 등을 진행했다. 훈련소 내에
는 『조선일보』, 『대공보大公報』 등 신문·잡지류와 각종 도서가 구비되
어 있었다.

학생훈련소의 학생 수는 5월 초 15명 정도에서 월말에는 30명으로
증가했다. 1935년 6월 훈련소는 인원수 증가로 인한 공간의 문제와
일본 측에 발각될 가능성 등을 고려하여 장소를 옮기게 되었다. 1935
년 6월 훈련소는 장쑤江蘇성 이싱宜興현縣 장저張渚진鎭 룽츠산龍池山의
산기슭에 있는 청광쓰澄光寺로 이전하였다. 이곳에서 엄항섭이 학생 관

리를 담당하였다. 김구는 7월 중순경 난징에서 안경근을 동반하고 청광쓰에 도착하여 3박을 하면서 학생들을 만나고 난징으로 돌아갔다.

그런데 청광쓰도 3개월이 지난 9월 중순경 임대 계약이 만료됨에 따라 훈련생 27명이 9월 16~18일 기간에 차례로 난징으로 철수하였다. 그중 4명은 무장잉 가오안리 1호 한국특무대독립군 본부에, 나머지 23명은 난징 시내 바바오허우八寶後가 23호 김구 모친의 거처로 옮겼다. 이후 10월 초 2명의 훈련생이 난징 일본총영사관 경찰서에 검거되는 사건이 발생하자 학생들은 다시 10월 6일에 란치藍旗가 8호에 위치한 엄항섭의 집으로 이사했다. 그 과정에서 김구는 학생들을 중앙육군군관학교에 입학시키기 위해 중국 측과 누차 교섭하였으나 일본측의 항의로 성사되지 못하였다. 또 중국국민당 측 보조금의 감액 등으로 운영에 차질이 생기고 청년 대원들의 동요로 통제가 어려워지자

란치가 8호의 현재 모습

10월 중에 9명을 남기고 훈련소를 해산하였다.

한편 1935년 11월 김구는 김원봉 중심의 민족혁명당에 대항하면서 임시정부를 지지할 기초 정당으로서 한국국민당을 창당했다. 김구가 이사장을 맡고 간부에는 한인애국단 단원, 임시정부 지지파, 한국독립당 광동지부원 등이 참여했다. 당 기관지로 『한민韓民』을 발행하였다. 중일전쟁 발발 이후 한국국민당은 그 본부를 란치가 8호로 이전하고 상하이에 지부를 설치하였다.

한국국민당은 1936년 7월 11일 그 외곽단체이자 전위 조직으로 한국국민당청년단을 결성하였다. 청년단은 란치가 8호에서 엄항섭의 지도하에 결성되었고 본부도 그곳에 두었다. 결성식에는 중앙육군군관학교 졸업생 17명과 학생훈련소 학생 20명이 참여했다. 그 창립 선언에서는 김구를 영도자로 모시고 그의 손과 발이 되어 그의 정신과 사업을 계승하고자 한다는 것과 한국국민당의 전위 부대로서 임무를 충실히 할 것임을 천명했다. 한국국민당청년단은 일제에 대한 각종 정보수집, 일제의 관공서 파괴 및 요인 처단 등을 통해 적 후방을 교란시키고, 선전 유인물을 배포하는 것 등이 주요 임무였으며, 기관지 『한청韓靑』을 발행하여 선전 활동을 전개하였다. 이러한 청년단의 활동은 김구가 독립운동 지도자로서 정치적 지도력을 발휘하고 대외적 활동을 펼칠 수 있는 든든한 기반이 되었다.

2018년 가을 필자는 학생훈련소 주소인 둥관터우와 바바오허우가 23호 그리고 한국국민당 본부이자 한국국민당청년단 창단 장소였던 란치가 8호를 찾아 답사에 나섰다. 세 곳은 모두 난징 동남부에 위치

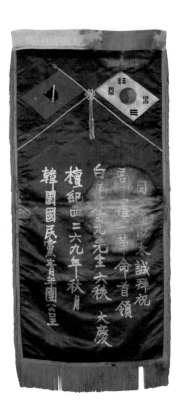

한 친화이구에 속하는데 택시를 이용하면 짧은 시간에 서로 연결되는
위치에 있었다. 우선 찾아 나선 둥관터우 32호는 이전에 한두 차례 방
문하여 돌아보았지만 끝내 위치를 확인하지 못한 경험이 있는 곳이었
다. 따라서 다시 한 번 돌아보다가 아예 동사무소를 찾아 물었다. 그곳
에서 다행히 장기 근무자를 만나 사라진 둥관터우 32호의 위치를 대
략 확인할 수 있었다. 설명에 따르면 32호는 원래 친화이허 물가에 있
던 민가였는데 이미 철거되어 주소마저 소멸되었다고 한다. 현재 둥관

터우 거리 중간쯤 하천변에 새로 지은 공중화장실이 있는데 대략 그 위치라는 것이다. 이에 필자는 친화이허에서 멀리 둥수이관이 보이는 위치에 서서 공중화장실 방향으로 사진을 한 장 남기었다.

다음으로 바바오허우가 23호를 찾아 그 부근에 도착했으나 이곳은 아예 거리 명칭마저 사라져 난감했다. 다행히 길에서 이전 역사를 기억하는 현지 노인을 만나 설명을 들을 수 있었다. 그에 따르면 현재 친화이구 상수샹尚書巷 거리의 북단, 즉 바바오둥八寶東가와 바바오첸八寶前가 교차점에서 시작하여 북쪽 상수교尚書橋까지 약 100미터 정도의 거리가 이전 바바오허우가로 불리던 길이라고 한다. 바바오허우가는 현재의 상수샹 거리에 비해 그 폭이 아주 좁았다. 지금 상수교 자리에는 원래 말 다섯 마리가 통행할 정도라 하여 우마교五馬橋라고 했던 다리가 있었는데 바바오허우가의 거리 폭이 그 정도로 좁았고 그 길 양쪽으로 허름한 민간 주택들이 밀집해 있었다고 하였다.

바바오허우가를 확인한 후 마지막으로 찾은 곳이 란치가 8호인데 주소지가 그대로 남아 있어 위치 확인이 가능했다. 난징시 친화이구 란치가 대로에서 남쪽으로 향해 있는 란치샹藍旗巷이라는 좁은 골목에 위치하고 있었다. 현재 옛 건물들은 사라지고 새 건물이 들어섰는데 정문 옆에는 '난징전신'회사의 간판이 걸려 있었다. 란치가 8호는 엄항섭과 김구의 청년들이 난징을 떠나기 직전까지 거주했던 장소였다. 필자는 그 건물을 바라보며 밤에 일본군 폭격을 당하고 다음 날 살펴보니 란치가 학생 및 가족들이 다 무사하였다는 김구의 말을 떠올리며 막연하게나마 당시를 상상해 보았다.

[김구 관련 난징 사적] (1933년도 지도)

① 황푸로: 중앙육군군관학교, 장제스 관저, 현 황푸로 3호
② 중산둥로 303호: 중앙판뎬, 현 중산둥로 273호
③ 마루가: 곽낙원 거처
④ 바바오허우가 23호: 학생훈련소, 곽낙원 거처
⑤ 류예가 56호: 한인애국단, 학생수용소, 곽낙원 거처
⑥ 화이칭교: 김구 거주지 부근
⑦ 둥관터우 32호: 학생훈련소
⑧ 란치가 8호: 학생훈련소, 한국국민당, 한국국민당청년당, 현 란치가 8호
⑨ 무장잉 가오안리 1호: 한인애국단, 한국특무대독립군

김구의 은신처

윤은자

장닝

윤봉길 의거 이후 중일전쟁 발발 전까지 김구에 대한 장제스와
중국국민당의 지원·협조 관계는 극비리에 진행되었다. 또한
당시 현상금을 내걸고 체포에 혈안이 되어 있던 일본 측 정보망
을 피해 하루하루 피신 생활을 할 수밖에 없었던 상황에서 김구
의 거주지 이동에 대해서는 남겨진 기록이 희소하여 파악이 쉽
지 않다. 이 시기 김구의 행적을 가장 잘 파악하고 있던 인물은
천궈푸 휘하에서 김구의 연락과 안전 문제를 책임졌던 샤오정
일 것이다. 이와 함께 당시 일본 측 정보 기록들도 역시 김구의
거처와 그 이동을 추적하는 데 부분적으로 상세한 내용을 제공
한다. 따라서 샤오정의 회고와 일제 기록들을 통해 김구가 자싱

을 떠난 이후 이동 생활과 난징의 거처 등을 추적해 본다.

이동 생활

귀푸 선생이 장쑤성정부 주석에 취임하자 나는 안전상의 이유를 들어
김 선생과 임시정부를 전장으로 옮기는 것이 좋겠다고 건의하였다.
김 선생이 전장으로 거처를 옮겼지만 전장은 인구가 많아 이목을 피
하기 어려웠다. 또한 중일전쟁 개시 전 일본군벌은 수시로 밀정을 전
장에 파견하여 귀푸 선생의 시설을 염탐하고 이를 통해 장공蔣公(장제
스-필자 주)의 계획을 탐지하고자 하였다. 따라서 전장 또한 안전하지
않았다. 오래지 않아 다시 리양溧陽으로 옮겼는데 이 무렵 각 현 정부
는 적의 밀정 방지를 위해 호구조사를 매우 엄하게 실시하고 있었다.
김 선생은 중국어를 이해하지 못하여 자주 오해가 발생했다. 결국 김
선생을 난징으로 옮기도록 하고 장닝실험현江寧實驗縣의 농촌에 거주
하게 했다. 당시 현장이던 메이쓰핑梅思平은 나와 동향인 데다 일찍이
중앙정치학교에서 함께 근무한 사이였다.(蕭錚, 2008, 477쪽)

샤오정의 설명에 근거하여 김구가 자싱을 떠난 후 이동 과정을
대략적으로 추적하면 다음과 같다. 우선 천귀푸가 장쑤성정부 주석에
임명된 1933년 10월 이후, 김구는 자싱을 떠나 장쑤성정부 소재인 전
장으로 옮겼다. 난징국민정부가 성립된 후 1929년 2월부터 전장은 장

쑤성정부 소재지였다. 천궈푸가 장쑤성정부 주석에 임명되자 안전 문제를 고려하여 김구를 전장으로 옮기도록 한 것이다. 그러나 정작 김구가 옮긴 이후에는 전장이 인구가 밀집하여 이목이 많고 천궈푸의 시설들을 염탐하는 일본 측 밀정들이 많아 안전에 문제가 생겼다. 이에 김구는 다시 장쑤성 관할 지역으로 난징 동남쪽 경계 밖에 위치한 리양으로 이동했다. 그런데 리양에서도 당지 정부가 숨은 일본 밀정을 가려내기 위해 호구조사를 엄격하게 시행하자 자주 언어 문제로 오해가 발생했다. 결국 샤오정은 자신과 막역한 사이인 메이쓰핑이 현장으로 있는 장닝자치실험현으로 김구를 옮기도록 했다. 장닝현은 1933년 2월 10일, 전 중국 최초로 자치실험현이 되었고 1937년까지 장쑤성정부 직속 관할 현에 속했다.

김구가 장닝현으로 옮긴 시기는 명확하지 않지만 늦어도 1934년 봄에는 이미 장닝에 거주하고 있었다. 김구의 소재지 파악에 대한 기록으로 1934년 4월~6월 중에 난징 주재 일본총영사 스마야 기치로須磨彌吉郎와 조선총독부에서 상하이에 파견한 사무관 나카노 가쓰지中野勝次가 작성한 보고가 있다. 그중 일부 내용을 시간순으로 나열하면 아래와 같다.

김구는 현재 장쑤성 장닝현 장닝진 구당부區黨部 건물의 일부에 같은 파 7명과 함께 중국 측의 보호를 받으면서 거주하고 있다.

김구는 계속해서 장닝진에 거주하면서 통상 매월 1회쯤 난징에 오는

데 그 일시는 일정하지 않다. 난징을 왕복할 때는 수도헌병사령부 우
전검사계 이춘암李春岩을 동반하며, 당지에서 김구는 중국 헌병참모
장, 서徐 중앙당부 조사과장 등과 면담하고, 바로 장닝진으로 돌아가
는 것이 보통이며 숙박하지는 않는다. 장닝진 구당부 내에 거주하고
있는 김구의 생질 연방衍芳이 첩자에게 말한 바에 의하면, 김구는 매주
월요일 총리 기념주에 '군관학교 분사軍官學校分舍'에 가서 조선인 학생
들에게 훈화를 한다는 것이다. 그리고 전기 '군관학교 분사' 부근에는
헌병·순경 등이 엄중히 경계하고 있을 뿐만 아니라 사탕을 파는 장수
로 가장한 탐정도 경계를 맡고 있다고 한다.

장닝진은 난징과 우후蕪湖의 중간 양쯔강 남안에 있으며 난징에서 70
지리支里(승합자동차로 편도 80전을 요함) 지점에 있는 500여 호의 소읍
이다. 거기에는 헌병 제5단 3영 7연 및 보위단 경찰이 주둔하고 있다.
그리고 그곳에는 군관학교 생도 복장(토황색 군복 군모 각반을 사용하고
검은 차지 않음)을 하고 있는 조선인 청년 30여 명이 있다. 또 검대劍帶
를 하고 있는 조선인 교관(중국 군대에서 장교 이상은 검대를 어깨에
멘다) 5~6명을 볼 수 있었다. 이에 내사해 보니 그들은 '군관정치훈
련소원軍官政治訓練所員'이라고 하여 정규 중앙군관학교 생도가 아니라
는 것을 알 수 있다 … 그리고 장닝진 왕래자에 대한 검색은 매우 엄
중하여 승합자동차 정류소에는 헌병 및 경찰관의 임검이 있어 신체검
사를 하며 새로 오는 사람을 발견했을 때는 그 용무를 일일이 조사하
고 있는데 …….(『백범김구전집』4, 1999, 801~806쪽)

이상의 관련 내용을 추가 정리하면, 1934년 4월 김구는 중국국민당의 보호하에 장닝진 구당부에서 한인 5~7명과 함께 거주하였다. 당시 장닝진에는 김원봉이 운영하는 조선혁명정치군사간부학교가 있어 제2기생 한인 청년 30여 명이 교육을 받고 있었다. 매주 월요일 김구는 간부학교에 가서 한인 학생들을 훈화하곤 했다. 이러한 상황에서 중국 헌병과 경찰들이 장닝진의 보안 경비를 매우 엄격히 시행하고 있었다. 당시 김구는 월 1회 정도 난징 시내를 출입하면서 중국 측 요인들과 접촉하였고 한자강韓子强이란 명함을 사용하였다. 난징으로 왕복할 때는 수도헌병사령부 우전검사소郵電檢査所에 근무하는 의열단 소속 이춘암李春岩이 자동차로 수행하였다. 김구는 난징 시내 위수사령부를 방문하여 헌병참모장과 중국국민당 중앙조사통계과 과장 쉬언청徐恩曾과 면담한 후 장닝진으로 돌아가곤 하였다. 중앙조사통계과는 정보 수집 전담 부서이다. 쉬언청은 후에 김구가 난징 시내에서 무선설비를 사용할 수 있도록 기기와 기술자를 제공한 인물이다.

같은 해 4월 25일 이후 김구는 김원봉과 함께 난창南昌을 방문하였다가 5월 21일 난징에 돌아왔으며 다음 날 난징 시내 싸자완薩家灣에 있는 한국부흥위원회韓國復興委員會 본부에서 한인 10여 명과 회의를 진행했다. 이 시기 김구는 긴 콧수염과 구레나룻을 하고 있었으며 머리도 길었는데 장발을 모두 뒤로 넘겼고 상당히 수척한 몸에 남색의 긴 중국옷을 입고 있었다고 한다.

한편 윤봉길 의거 후 상하이에서 난징으로 간 김홍일金弘壹의 회고에 따르면 뤄양분교 한인훈련반이 시작되고 수개월 후 김구가 중국 인사

김구 가족사진(1934)
(왼쪽 상단부터 시계 방향) 큰아들 김인, 김구, 작은아들 김신, 어머니 곽낙원

와의 만남이 빈번하여 편의상 그의 집에서 2개월 동안 머물렀다고 한다(김홍일, 1972, 298쪽). 김홍일은 1934년경 난징성 밖 공병학교工兵學校에서 부관처장副官處長으로 근무하고 있었다. 1930년에 설립된 공병학교는 황푸군관학교 공병과에서 독립한 전문학교로 현재 난징 광화면光華門 밖 동쪽에 있었다. 이곳은 장닝에 비하면 상대적으로 난징 시내에 근접한 지역이다. 시기적으로 보아 김구가 난창에서 돌아온 직후 바로 5월 말부터 2개월 정도를 김홍일 집에 머물렀던 것으로 보인다. 그리고 이 시기 김구는 난징에 와 있던 모친 곽낙원과 아들 신의 거처에 왕래하였다. 김구파에 속했던 백찬기의 자술 기록에 따르면 1934년 5월 20일~9월 말 사이에 난징 시내 류예가 56호에서 한인애국단 간부 4명과 중앙군교 입학 준비생 4~8명이 함께 거주했는데 6월 중순경부터는 김구 모친과 김신이 옮겨 와 함께 거주하였고, 이후 김구가 그곳을 자주 방문했다고 한다.

그런데 1935년 1월 조선총독부 파견 상하이 사무관 나카노가 밀정 오대근을 시켜 김구 암살을 시도한 사건이 발생하였다. 당시 오대근은 난징에 도착한 후 특별공작원 7명을 만났는데 그들은 암살 임무를 수행하기 전 전원이 중국 관헌에 체포되어 처형되었다. 김구 암살 공작은 그 이후에도 다시 한 차례 시도되었다. 즉 조선총독부에서 나카노의 후임으로 파견된 히토스기 도헤이 사무관이 1935년 8월에서 11월 사이에 밀정 임영창林榮昌을 통해 김구 암살을 실행하고자 했지만 성공하지 못하였다(윤대원, 2018). 『백범일지』에도 이와 관련한 언급이 보인다. 김구가 11월 초 자싱에 가서 임시의정원 회의에 참여한 후 난징으로 돌아왔는데 난징 경비사령관 구정룬谷正倫이 김구에게 일본이 고액의 현상금을 걸고 체포를 교섭해 왔으니 조심하라고 하였다. "또 사복 입은 경관 일곱이 푸쯔먀오 부근으로 돌아다니더라는 말도 들었다"고 한 것은 이때의 암살 시도와 관련이 있다. 이렇듯 계속되는 일본 측의 암살 공작 속에서 김구는 활동상의 안전과 편의를 고려하지 않을 수 없었을 것이다. 이에 이전에 자싱에서 뱃사공으로 자신을 도왔던 주아이바오를 데려와 난징 푸쯔먀오 구역에 있는 화이칭교 부근에 거주하면서 고물상 부부로 위장하였다. 그런데 뒤에 서술하는 바와 같이 아마 이때에도 김구가 장닝진에서 완전히 철수한 것은 아니었던 것 같다.

한편 다른 기록에서는 1935년 봄 이후 김구가 이전과 달리 모습을 드러내지 않은 이유가 의열단·신한독립당 등이 모여 단일 신당을 조직하려는 움직임이 일어나면서 이에 반대한 김구가 신변에 위협을 느꼈기 때문일 것이라는 밀정의 보고도 있었다.

김구는 이해 5월 초에 뤄양에 갔다가 7월 중순경 난징에 돌아와 바로 안경근을 동반하고 학생훈련소가 있는 이싱현 청광쓰에 가서 3박을 한 후 난징으로 돌아갔다. 이후에는 9월 하순경 난징 성내에서 안경근을 배동한 김구가 목격되었으며, 김구가 난징 성내에 잠복 중인 것이 확실하다는 보고가 있었다. 이후 김구의 행적에 대해서는 기록이 별로 없는 듯하다. 1936년 3월경 김구의 동정에 관한 일본 측 보고 기록은 아래와 같다.

최근 김구가 난징을 벗어났다고 하는 정보가 있고 그 행방에 대하여
는 혹은 자싱이라고도 하고 혹은 뤄양이라고도 말하며 정보가 구구하
여 확정하기가 어렵다. … 김구가 난징에서 떠났다는 사실도 확실하
다고 할 수 없다. 그러나 최근 중국 측이 대일 정책상 김구에 대한 비
호가 예전과 같지 않기 때문에 그에게 난징을 떠날 것을 요구했다고
전해지고, 한편 반김구파의 거두들 다수가 전에 언급한 신당수립 운
동을 위해 난징에 모이기로 되어 있어서 김구 자신으로서도 난징에
머물러 있기 어려운 사정이 있는 등 퇴경설退京說이 나오는 이유가 없
는 것은 아니므로 …….(『백범김구전집』 4, 1999, 1033쪽)

샤오정의 회고에는 김구가 장닝현으로 옮긴 후부터 1937년 7·7
사변 발발 전까지의 김구의 거주 상황에 대해서 언급이 없다. 그리고
1937년 8월 25일에 천궈푸가 샤오정에게 보낸 편지에 당시 김구와 일
부 한국 지사들이 장닝현에 거주하고 있으며 당지의 호구조사 시 종
종 오해가 발생하여 불편함이 적지 않다는 소식을 전하였다.

얼마 전 장정들이 수상하다며 김 선생을 현정부로 잡아 왔었다 합니
다. 조사 결과 나를 잘 안다고 하여 돌려보냈다 합니다. 지금 현장이
나서서 거처할 집을 알아보고 있으며 안전하다고 합니다.

위는 민국 26년 8월 25일 천궈푸 선생이 전장에서 보낸 편지이다. 대
일항전이 막 개시되어 난징과 상하이 일대에도 전운이 깊게 드리워져

있었다. 김구 선생 등 일부 동지들은 난징 장닝현에 속하는 농촌에 거주하고 있었는데 장정 선별 조사 및 호구조사 시 종종 오해가 발생하였다. … 천 선생의 편지를 받고 나는 난징에 돌아간 후 바로 김 선생 전체 일행을 중산먼中山門 밖 디정地政학원 내 숙소로 옮기도록 조치하였다. (『대한민국임시정부자료집』 25, 2008, 478~479쪽)

이상의 내용으로 볼 때 앞서 1934년 4월 김구가 다른 7명과 함께 장닝현 구당부 건물에 거주하고 있다고 확인된 이후로부터 중일전쟁 발발 후 적어도 8월 말까지 김구와 그의 측근들은 장닝현 쪽 거주지를 유지하고 있었던 것으로 보인다. 물론 장·단기 기타 거주지나 타지 방문 체류가 있었지만 장닝현에서 완전히 철수하지는 않았던 것이다. 그리고 천궈푸의 편지를 받은 샤오정은 김구 일행을 중산먼 밖에 있는 중앙정치학교 디정학원의 교직원 숙소로 옮기도록 조치했다고 하였는데, 사실 그때 김구는 안공근을 디정학원에 보내어 일처리를 맡겼다고 한다.

1937년 8월 중순부터 난징에 일본군의 폭격이 시작되었다. 김구는 어느 날 화이칭교 부근 집에서 잠을 자다가 일본군 비행기의 기관포 사격을 당하여 집 천장이 무너져 내렸지만 다행히 무사했고 다음 날 날이 밝자 마루가에 있는 모친에게 달려갔다. 『백범일지』에서 언급한 김구 모친이 거주한 마루가는 당시 천궈푸·천리푸 형제의 공관 창푸常府가 30호(1935년 이후 거주)에서 도보로도 그리 멀지 않은 곳에 위치한 조용한 고급 주택가이다. 현재 마루가에는 광복 후 대한민국임시

정부를 대신하여 한국 교민의 안전 문제의 해결과 중국정부와의 외교
업무를 맡아 처리한 한국주화대표단 건물(현 푸청신춘復成新村 8호)이 남
아 있다.

전장

윤은자

대한민국임시정부 소재지

전장鎭江은 난징에서 동쪽 방향으로 이웃한 창장 연안 도시이다. 고대의 대운하와 창장이 교차하는 지점에 위치하여 교통요지이자 자연경관이 아름다운 역사 도시이다. 삼국지三國志 유비劉備의 고사가 전해지는 간루쓰甘露寺가 베이구산北固山에 자리하고 있다. 난징과 전장은 기차로는 20분이고 버스 정류장에서 버스를 타면 한 시간 정도 거리이다. 재중 한인 독립운동과 관련하여 전장이 주목을 받는 주요한 이유는 바로 1935년 11월 이후 2년간 대한민국임시정부 소재지였기 때문이다.

룬저우문화관

전장 답사길에 올라 난징에서 기차로 전장에 도착한 후 점심시
간이 되어 다시 大西로에 있는 전장의 유명한 귀가이鍋蓋면을 시식하고
구불구불 골목길을 따라 한참 걸어 들어가 목적지인 양자먼陽家門 23호
룬저우문화관潤州文化館을 찾았다. 그곳에는 전장 '대한민국임시정부
사료진열관'이 있다.

제일 먼저 눈에 띄는 것은 널따란 마당에 세워진 비석들이다. 한 비
석은 2010년에, 다른 하나는 2014년에 세워진 것인데 내용을 살펴보
면 아래와 같다.

대한민국임시정부 활동 유적지는 룬저우구 양자먼 23호에 위치한다.
… 1935년 11월 임시정부가 당시의 장쑤성정부 소재지 전장으로 이
전되었고 이후 전장에서 2년간 활동했다. 조사와 고증에 따르면 전장
에 있는 임시정부 주소 및 활동 장소는 모두 6곳이며, 현재 남아 있는
곳은 무위안소학교穆源小學 유적지가 유일하다. 1937년 봄 대한민국임
시정부 국무위원 김구가 전장항일구망선전연출대鎭江抗日救亡宣傳演出隊
의 초청으로 무위안소학교 대강당에서 강연하였다. 본 유적지는 전장
의 대외교류사상 중요한 역사 유적이자 일본 침략 전쟁의 역사적 증
거이다.

전장에서의 주거지와 활동 장소로는 수이루쓰샹水陸寺巷 궁이公益리와

장쑤뤼서江蘇旅社, 다바바샹大爸爸巷 1호, 마자샹馬家巷 15호, 중산中山로 첸스의원千世醫院, 무위안소학교와 마오산茅山이 있다. 지도자 김구는 무위안소학교에서 '조선망국의 참상'이라는 대형 강연회를 하였다. 7·7 노구교 사건이 일어나 중국이 정식으로 일본에 선전포고를 하고 한국임시정부 요원 조성환曹成煥·조완구趙琬九 등은 1937년 11월에 전장을 떠나…….

위의 비문에서는 전장의 대한민국임시정부 유적지 주소 6곳을 언급하고 있는데 우선 수이루쓰샹 궁이리, 장쑤뤼서, 다바바샹 1호는 각기 임정요원들의 거주지였다고 전해지고 있다. 또 현재 룬저우문화관으로 변한 무위안소학교는 김구가 1937년 봄 전장을 방문하여 학교 대강당에서 400여 명의 교사·학생과 진보 인사들을 모아 놓고 '조선망국의 참상'을 연설했던 현장이라고 전한다. 물론 이상 사실들은 입증할 만한 구체적인 문헌 자료가 없고 근거 또한 매우 희박하여 임시정부 관련 유적으로 추정될 뿐이다. 그런데 마자샹 15호와 중산로 첸스의원은 1934년 일본 경찰이 작성한 문건에서 각기 한국독립당에 참여했던 강창제姜昌濟·유일평劉一平과 임시의정원 의원 박창세朴昌世의 주소지와 관련성이 확인된다. 하지만 이들도 1936년경에는 각기 난징·항저우에 거주하고 있었다.

재중 한인 독립운동과 관련하여 전장이 주목을 받는 주요한 이유는 바로 1935년 11월 이후 2년간 대한민국임시정부 소재지였기 때문일 것이다. 당시 전장은 장쑤성정부 소재지로서, 앞서 언급한 바와 같

전장 대한민국임시정부 사료진열관

이 1933년 10월 천궈푸가 장쑤성정부 주석을 맡게 되자 김구가 잠시 전장으로 거처를 옮겼으나 안전상의 이유로 김구는 다시 장쑤성 남쪽 난징 옆에 있는 리양으로 이동하였다. 샤오정의 회고에 따르면 당시 대한민국임시정부도 항저우에서 전장으로 옮길 것을 건의했다고 한다. 사실 이 시기 김구는 임정 직무를 사임한 후 한인애국단을 기반으로 활동을 전개했기 때문에 김구와 임정의 동선을 동일시하여 설명할 수는 없다. 그렇지만 전장에서 1934년 1월 2~3일에 제26회 대한민국임시의정원 회의가 15명의 의원이 참석한 가운데 개최된 사실에서 당시 전장을 임정 소재지로 고려했을 수도 있다고 생각된다. 그런데 대한민국임시정부 판공처를 항저우에서 전장으로 이전한 것은 그다음 해 11월 하순경이었다. 1935년 11월 임정 존폐의 위기 상황에서 김구가 국무위원으로 참여하여 새롭게 정비된 임정은 항저우를 정리하고 난징의 일본총영사관 감시를 피해 상대적으로 안전한 전장에서 새 출발을 하고자 했던 것이다. 당시 전장으로 이사한 임시정부 요인은 송병조·차리석·조성환·조완구 등이 있었다. 그로부터 2년 후인 1937년 11월 20일 임정 요인들은 임박한 일본군의 점령을 피해 전장을 떠났다. 그렇다면 전장 지역 기타 한인 독립운동가나 단체와 관련한 기록과 그 흔적은 어떠한가?

윤봉길 의거 이전 전장 지역에 거주한 한인 독립운동가로서 확인되는 인물은 강창제이다. 1929년 9월 27일 자『중외일보中外日報』2면에는 병인의용대 대장으로 활동하고 있는 평안북도 출신 강창제가 전장 경찰관서의 중요 간부로 초빙을 받아 취임하였다는 기사가 났다. 이후

1933년 기록에서도 그는 중국인 처가 있으며 전장 경관학교警官學校 교사로 재직하고 있다고 하였다. 강창제는 일찍이 대한민국임시정부의 의정원 의원에 선임되었고 한국독립당 당원이자 병인의용대 대장으로 활동하고 있었다. 그런데 1936년 8월 일본 측 정보 기록에 따르면 그는 민족혁명당 특무대장으로 난징에 머물고 있었다.

1933년 여름 이후 상하이 의경대義警隊 대장이자 병인의용대장이었던 박창세와 이운환李雲煥 등 의경대 대원들이 전장으로 도피하였다. 의경대는 원래 1930년 5월 상하이의 대한교민단이 경찰기관으로 설치하였다. 전장으로 도피한 것은 일본 밀정 석현구石鉉九의 암살, 상하이 조선인 친우회장 유인발柳寅發의 암살 미수 등을 감행한 후 일본 경찰의 수사를 피하기 위한 것이었다. 당시 박창세는 전장에서 청년들을 인솔하고 있었으며 중앙군관학교 뤄양분교에 자파 학생 8명을 입교시켰는데, 그들은 군관학교를 졸업한 후 3명이 상하이로 간 외에 5명은 다시 전장에 돌아가 잠복하였다고 한다. 1934년 박창세는 한국독립당 및 임시정부의 사업으로 3월 3일 강병학康秉鶴·박효경朴孝敬으로 하여금 상하이 신사 초혼제招魂祭 식장에 폭탄을 투척시키고 곧 본당의 명의로 중문 선언서를 발표하였다.

1935년에는 한국독립당의 조소앙이 당의 자금을 조성하기 위하여 전장으로 갔다. 당시 전장에 거주하던 박창세와 강창제 등의 도움을 받아 장쑤성정부 주석 천궈푸에게 자금을 지원하도록 요청한 결과 매월 대양大洋 160원씩 원조를 받기로 승인을 얻었다고 한다. 또 일본 측 정보 기록에 따르면 전장이 일본군에 함락되기 전 1937년 9월 9일 김

구가 전장에 잠입하였으며 무정부주의자 유자명柳子明을 정화암鄭華巖
에게 보내어 "서로 과거 일체를 잊고 주의, 주장을 초월하여 이 기회에
악수하자"는 항일연합의 의사를 표시했다고 한다. 중일전쟁 발발 후
한인 독립운동 진영의 통일전선운동으로 동분서주하던 김구가 전장
임정에 마지막으로 들렀던 것이리라.

　이상과 같이 전장은 대한민국임시정부 소재지로서 한인 독립운동
가들의 족적이 남겨진 곳이다. 그렇지만 전장의 한국 독립운동 관련
유적에 대한 조사와 자료 발굴은 여전히 해결되어야 할 과제로 남아
있다.

참고 문헌

김광재

국사편찬위원회, 『대한민국임시정부자료집』 1-45, 별책1-6, 2005~2011.

국회도서관, 『한국민족운동사료』(중국편), 1976.

김광재, 『근현대 상해 한인사 연구』, 경인문화사, 2018.

김구, 도진순 주해, 『백범일지』, 돌베개, 1997.

김구, 도진순 탈초·교감, 『정본 백범일지』, 돌베개, 2016.

김신, 『조국의 하늘을 날다』, 돌베개, 2013.

대한민국임시정부기념사업회, 『사진으로 보는 '대한민국' 임시정부 1919~1945』, 한울,
　　2017.

도진순, 「안중근 가문의 유방백세와 망각지대」, 『역사비평』 90, 2010.

백범김구선생기념사업협회·백범학술원·백범김구기념관, 『백범 김구 사진자료집』, 2012.

백범김구전집편찬위원회, 『백범김구전집』 1-12, 대한매일신보사, 1999.

선우진, 최기영 편, 『백범 선생과 함께한 나날들』, 푸른역사, 2009.

손세일, 『이승만과 김구』 1~7, 조선뉴스프레스, 2015.

손충무, 『상해임시정부와 백범 김구』, 범우사, 1976.

이광수, 『이광수전집』 13, 삼중당, 1962.

盧灣區人民政府 編, 『上海市盧灣區地名誌』, 上海社會科學院出版社, 1990.

上海福利營業股分有限公司 編印, 『上海市行號路圖錄』(上), 1948.

上海福利營業股分有限公司 編印, 『上海市行號路圖錄』(下), 1949.

The Geograhical & Topographical Society of China, *French Concession: Extention*, 1920.

『독립신문』, 『동아일보』, 『申報』

도진순

김광재, 「윤봉길의 상해의거와 '중국측 역할」, 『한국민족운동사연구』 Vol.33. 한국민족운
　　동사학회, 2002.

김광재, 『근현대 상해 한인사 연구』, 경인문화사, 2018.

김구, 도진순 주해, 『주해 백범일지』, 돌베개, 1997.

김구, 도진순 탈초·교감, 『정본 백범일지』, 돌베개, 2016.

김구, 도진순 편, 『백범어록』, 돌베개, 2007.

김상기, 『윤봉길: 자유의 불꽃을 목숨으로 피운』, 역사공간, 2013.

김주성, 「미국 선교사 피치 일가의 한국독립운동 지원활동」, 『한국독립운동사연구』 57, 한
국독립운동사연구소, 2017.

김홍일, 『대륙의 분노: 노병의 회상기』, 문조사, 1972.

도진순, 「진해 충무공시비」, 『백범의 길: 강원 충청 전라 경상 편』, 아르테, 2018.

매헌윤봉길전집편찬위원회 편, 『매헌윤봉길전집』 1~9, 매헌윤봉길의사기념사업회·매헌
연구원, 2012.

민필호, 김준엽 편, 「대한민국임시정부와 나」, 『석린민필호전』, 나남출판, 1995.

배경식, 『기노시타 쇼조 천황에게 폭탄을 던지다』, 너머북스, 2008.

백범김구선생기념사업협회·백범학술원·백범김구기념관, 『백범김구 사진자료집』, 2012.

위치우위, 심규호 역, 『문화란 무엇인가?: 중국, 중국인, 중국문화를 말한다』, 이다미디어
출판, 2015.

위치우위, 유소영·심규호 역, 『위치우위의 중국문화기행』 1~2, 미래M&B, 2007.

정병준, 「3·1운동의 기폭제: 여운형이 크레인에게 보낸 편지 및 청원서」, 역사문제연구소,
『역사비평』 119호, 2017.

정정화, 『장강일기』, 학민사, 1998.

피치(애시모어), 권기돈 역, 「III. 피치와 대한민국 임시정부(1932~1935)」, 『조지 피치와
대한민국: 피치 회고록과 문서 속 한국과 김구』, 김구재단. 2018: 영문 원본, George A
Fitch, *My Eighty Years in China*, Taipei Taiwan: Mei Ya Publications, Inc. International,
1967, 1974(2판).

피치(제럴딘), 권기돈 역, 『아무도 모르는 한국 지도자』, 『조지 피치와 대한민국: 피치 회고
록과 문서 속 한국과 김구』, 2018: 영문원본 Geraldin, *The Korean Leader Nobody Knows*,
Fitch Paper, Yenching Institute, Harvard University (『휘치문서』 5권, 국립중앙도서관).

刘世炎, 「北外灘哪个码头见证这一刻」, 『勞動報』 6.15.2018. 〈http://www.51ldb.com/ldb/
n55253/u1ai401098.html〉.

蕭錚, 「中國協助韓國光復之回憶」 3, 『傳記文學』 第45卷 第16期, 1984, ; 『대한민국임시정
부자료집 25: 중국의 인식』, 국사편찬위원회, 2008.

宋式鸝, 『宋式鸝詩詞選』, 鄭州: 中州古籍出版社, 1994.

리종주

금장태, 『유교개혁사상과 이병헌』, 예문서원, 2003.
이종수, 『근대 한국의 유교개혁론과 공교운동』, 선인, 2018.
『독립신문』
『李炳憲全集』

윤은자

국가보훈처 편, 『해외의 한국독립운동사료』(V 중국편 1), 1992.
국사편찬위원회 편, 『대한민국임시정부』(자료 5 임정편 V), 1994.
국사편찬위원회 편, 『대한민국임시정부자료집』(2권 임시의정원 I), 2005.
국사편찬위원회 편, 『대한민국임시정부자료집』(9권 군무부), 2006.
국사편찬위원회 편, 『대한민국임시정부자료집』(25권 중국의 인식), 2008.
국사편찬위원회 편, 『대한민국임시정부자료집』(28권 한인애국단 I), 2008.
국사편찬위원회 편, 『대한민국임시정부자료집』(29권 한인애국단 II), 2008.
국사편찬위원회 편, 『대한민국임시정부자료집』(34권 한국독립당 II), 2009.
국사편찬위원회 편, 『대한민국임시정부자료집』(35권 한국국민당 I), 2009.
국사편찬위원회 편, 『대한민국임시정부자료집』(36권 한국국민당 II), 2009.
국사편찬위원회 편, 『한국독립운동사』(자료3 임정편 III), 1973.
국사편찬위원회 편, 『한민족독립운동사』(4권, 독립전쟁), 1988.
국사편찬위원회 편, 『한민족독립운동사자료집』(43권 중국지역독립운동 재판기록1), 2000.
국사편찬위원회 편, 『한민족독립운동사자료집』(46권 중국지역독립운동 재판기록4), 2001.
국회도서관 편, 『한국민족운동사료』(중국편), 1976.
김구, 『김구 자서전 백범일지』, 지식인하우스, 2016.
김구, 도진순 주해, 『백범일지, 백범 김구 자서전』, 돌베개, 2013.
김구, 도진순 탈초·교감, 『정본 백범일지』, 돌베개, 2016.
김홍일, 『대륙의 분노: 노병의 회상기』, 문조사, 1972.

김희곤, 『대한민국임시정부연구』, 지식산업사, 2004.

남파박찬익전기간행위원회, 『남파 박찬익 전기』, 을유문화사, 1989.

독립운동사편찬위원회 편, 『독립운동사』(4권 임시정부사), 1973.

백범김구선생기념사업협회·백범학술원·백범김구기념관, 『백범 김구 사진자료집』, 2012.

백범김구선생전집편찬위원회 편, 『백범김구전집』(4 대한민국임시정부 I), 대한매일신보사,
    1999.

성주현, 「남파 박찬익의 대한민국임시정부 활동」, 『사학연구』 97, 2010.

손세일, 『이승만과 김구』 4권, 조선뉴스프레스, 2015.

윤대원, 「일제의 김구 암살 공작과 밀정」, 『한국독립운동사연구』 61, 2018.

조범래, 『한국독립당연구(1930~1945)』, 선인, 2011.

최서면 편, 『일본 외무성 외교사료관 소장 한국관계사료목록(1875~1945)』, 해외사료총서
    5, 국사편찬위원회, 2003.

한상도, 『한국독립운동과 중국군관학교』, 문학과지성사, 1994.

江蘇省地方志編纂委員會 編, 『江蘇省志 1 大事記』(中), 江苏古籍出版社, 2001.

金正明 編, 『朝鮮獨立運動』(II 民族主義運動 篇), 東京: 原書房, 1937.

盧海鳴·楊新華 主編, 『南京民國建築』, 南京大學出版社, 2001.

童琳琳, 「自治控制 - 江宁自治实验县研究(1933~1937)」, 南京大學 政府管理學院 碩士學位
    論文, 2015.

潘谷西 主編, 『南京的建築』, 南京出版社, 1998.

徐友春 主编 , 『民國人物大辭典』, 石家庄: 河北人民出版社, 1991.

蕭錚, 「中國協助韓國光復之回憶」, 『대한민국임시정부자료집』(25권 중국의 인식), 2008.

蕭錚, 「中國國民黨과 金九」, 『한국독립운동사자료집』, 한국정신문화연구원 편, 박영사,
    1983.

雍玉國 主编, 『南京地名大全』, 南京出版社, 2012.

李松林 主编 , 『中國國民黨史大辭典』, 合肥: 安徽人民出版社, 1993.

李臻·裴偉·金升龍·張曉波 編著, 『大韓民國臨時政府與鎭江』, 南京江蘇人民出版社,
    2016.

朝鮮總督府 警務局, 『國外ニ於ケル容疑朝鮮人名簿』, 京城: 朝鮮總督府, 1934.

朱家驊, 「我和韓國的關係概要」, 『대한민국임시정부자료집』(25권 중국의 인식), 2008.

中共南京市委党史工作辦公室 中共南京市委宣傳部 編 , 『南京百年風雲(1840~1949)』, 南

京出版社 , 1997.

陳宇,『中國黃埔軍校』, 北京: 解放軍出版社, 2007.

이혜린

국가보훈처 · 국사편찬위원회,『프랑스 외무부 문서보관소 소장 한국독립운동 사료 3』,
    2016.

김광재,「해제」,『프랑스 외무부 문서보관소 소장 한국독립운동 사료 3』, 국가보훈처 · 국사
    편찬위원회, 2016.

김구, 도진순 주해,『백범일지』, 돌베개, 2009.

김구, 배경식 풀고 보탬,『올바르게 풀어쓴 백범일지』, 너머북스, 2008.

김민경,「하년생의 한인제재소설 '선월' 연구」, 한국외국어대학교 석사학위논문, 2012.

김희곤,『중국관내 한국독립운동단체연구』, 지식산업사, 1995.

박걸순,「중국 내 대한민국임시정부 기념관 건립 경과와 현황」,『한국독립운동사연구』54,
    2016.

박성순,「항일투쟁기 한국독립당의 '진광' 발간과 한중 연대」,『동양학』61, 2015.

성주현,「남파 박찬익의 대한민국임시정부 활동」,『사학연구』97, 2010.

신명식,『대한민국 임시정부의 안살림꾼 정정화』, 역사공간, 2010.

여시동,『인간적인 책』, 서교출판사, 2016.

이혜린,「1932년 일본의 재상해한인 체포활동과 프랑스조계당국의 대응」,『사림』62,
    2017.

전관수,『한시작가작품사전』, 국학자료원, 2007.

정정화,『장강일기』, 학민사, 1998.

조범래,「한국독립당연구(1930~1945)」, 중앙대학교 박사학위논문, 2006.

주굉달·오결민,「김구의 남북호 피난기」,『한국민족운동사연구』16, 1997.

한상도,『(한국독립운동의 역사) 대한민국임시정부 II 장정시기』, 독립기념관 한국독립운동
    사연구소, 2008

『대한민국임시정부자료집』(국사편찬위원회 한국사데이터베이스 http://db.history.go.kr/)

『申報』

『한국민족운동사료(중국편)』, 국회도서관, 1976.

「한중갈등, 상해임시정부에서 답을 찾다…"우리는 항일운동 동지"」, 『연합뉴스』, 2017. 8. 18.

가흥고사(嘉興故事) http://www.jiaxing.cc

국가보훈처 공훈전자사료관 http://e-gonghun.mpva.go.kr/user/index.do

독립기념관 국외독립운동 사적지 홈페이지 http://oversea.i815.or.kr/

바이두백과(百度百科) https://baike.baidu.com

기획 (사)백범김구선생기념사업협회

(사)백범김구선생기념사업협회는 1949년 6월 26일 백범 김구 선생이 서거한 후 조직된 '고 백범 김구선생국민장위원회'의 위원장 오세창, 부위원장 김규식, 조완구, 이범석, 김창숙, 조소앙, 최동오, 명제세 등의 위원을 중심으로 1949년 8월 6일에 창립한 협회이다. 오직 조국과 민족을 위했던 백범 김구 선생의 뜻을 이어 가기 위해 전시와 교육, 역사 자료 수집과 편찬 등 의미 있는 기획을 통해 대중들과 만나고 있다.

백범의 길 - 임시정부의 중국 노정을 밟다 上

1판 1쇄 인쇄 2019년 6월 12일
1판 1쇄 발행 2019년 6월 26일

기 획 (사)백범김구선생기념사업협회
집 필 김광재 도진순 리종주 윤은자 이혜린
펴낸이 김영곤
펴낸곳 아르테

책임편집 전민지 인문교양팀 장미희 박병익 김지은 김은솔 디자인 어나더페이퍼 교정교열 이지현
미디어사업본부 본부장 신우섭 영업 권장규 오서영 마케팅 김한성 황은혜 제작 이영민 권경민

출판등록 2000년 5월 6일 제406-2003-061호
주소 (10881) 경기도 파주시 회동길 201(문발동)
대표전화 031-955-2100 팩스 031-955-2151 이메일 book21@book21.co.kr

ISBN 978-89-509-7581-4 04980
ISBN 978-89-509-7580-7 (세트)
아르테는 (주)북이십일의 문학·교양 브랜드입니다.

(주)북이십일 경계를 허무는 콘텐츠 리더

아르테 채널에서 도서 정보와 다양한 영상자료, 이벤트를 만나세요!
방학 없는 어른이를 위한 오디오클립 〈역사탐구생활〉
페이스북 facebook.com/21arte 블로그 arte.kro.kr
인스타그램 instagram.com/21_arte 홈페이지 arte.book21.com